ANNE-KATRIN MAUSOLF

Kätzchen

HALTUNG
BESCHÄFTIGUNG
VERHALTEN
GESUNDHEIT

MIT KOSMOS MEHR ENTDECKEN

NATUR NAH & TIER GERECHT

SEIT 1822

KOSMOS

☞ *Inhalt*

Kätzchenglück

— Was Kätzchen brauchen

Die Welt der Kätzchen

Katzen sind kleine Wunderwerke der Natur. Sie sind ganz und gar für ihr Leben als Jäger gemacht. Erhalten Sie hier einen kleinen Einblick in kätzische Besonderheiten.

Jakobsonsches Organ Es dient der Pheromonwahrnehmung. Die Welt der Katzen ist eine Welt der Gerüche. Der Geruchssinn wird allerdings nicht vorrangig eingesetzt, um Beute aufzuspüren, sondern lediglich, um sich davon zu überzeugen, dass die Beute essbar ist. Außerdem dient der Riechsinn der innerartlichen Kommunikation.

Vibrissen Das sind sehr empfindliche Sinneshaare, ein wichtiges Wahrnehmungsorgan der Katze, die am ganzen Körper einzeln verteilt sind. Am auffälligsten sind die Schnurrhaare und Augenbrauen im Gesicht und an den Beinen. Sie werden auch zum Ausdruck von Stimmungen benutzt.

Zunge Die Papillen (Hornstacheln) auf der Zunge dienen der Katze u. a. als Kamm für ihr Fell. Da sie in Richtung Rachen zeigen, könnte eine Katze Beute aufgrund ihrer Fellwuchsrichtung schlecht hervorwürgen, wenn sie diese vom falschen Ende her frisst. Darum prüft sie vorher die Wuchsrichtung des Fells ihrer Beute mit der Zunge.

Katzenauge In der Dunkelheit sehen Katzen besser als Menschen, weil ihr Augeninneres eine reflektierende Schicht besitzt (Tapetum lucidum), die die einfallenden Lichtstrahlen zurückwirft. Darum leuchten Katzenaugen im Dunkeln. In völliger Dunkelheit können aber auch Katzen nichts sehen.

Die Katzenzunge dient u.a. zur Fellpflege.

Das Kätzchen beobachtet seine Umgebung genau.

Gesichtsfeld Katzen haben ein relativ großes Gesichtsfeld von ca. 200 Grad, Menschen haben nur 180 Grad. So nimmt eine Katze auch viel aus den Augenwinkeln wahr, vor allem Bewegungen, ohne dass sie ihren Kopf stark in eine Richtung drehen muss.

Gehör Katzen hören insgesamt nicht besser oder schlechter als wir, sie hören einfach anders. Sie können zum Beispiel Ultraschall (sehr hohe Frequenzen) wahrnehmen. In den tieferen Frequenzen hören sie vergleichbar wie Menschen. Die kleine Tasche am Ohr dient wahrscheinlich dem Richtungshören, doch da sind sich die Forscher noch nicht ganz einig.

Schweißdrüsen Katzen schwitzen fast nur an den Pfoten. Sie hecheln wenig, erst wenn die Körpertemperatur sehr stark angestiegen ist (oder stressbedingt), daher sollten Sie gerade im Sommer ein kühles Plätzchen und immer frisches Wasser anbieten.

Zehen Katzen haben nur 18 Zehen. An den Vorderpfoten jeweils fünf, und an den Hinterpfoten jeweils vier. Die „Daumenzehen" an den Hinterpfoten sind im Laufe der Evolution verschwunden. Es gibt aber Mutationen, die dafür sorgen, dass eine Katze mehr als fünf bzw. vier Zehen hat, diese Veränderung heißt Polydaktylie und ist z.B. von den Maine Coons bekannt.

Die Krallen braucht das Kätzchen auch zum Klettern.

Etwas hat seine Aufmerksamkeit erregt.

Katzen haben ein ausgeprägtes Timesharing-System. Sie teilen sich Reviere, ohne sich dabei begegnen zu müssen.

Katzen verbringen viel Zeit mit Schlafen und Dösen.

Schnurren Hauskatzen und auch einige Wildkatzen können mit den beim Schnurren erzeugten Schallwellen Knochengewebe heilen. Nur Feliden (d. h. Katzenartige) schnurren. Schnurren entsteht durch Muskelkontraktionen im Bereich des Verschlussdeckels, der die Luftröhre von der Speiseröhre trennt. Katzenbabys schnurren ab dem 2. Tag. Wichtig: Katzen schnurren nicht nur bei Wohlbehagen, sondern auch, um sich selbst oder andere Katzen zu beruhigen, z. B. bei Schmerzen oder Aufregung.

Blinzeln Man nennt es auch das „Lächeln der Katzen". Es kann als Friedenssignal interpretiert werden, nach dem Motto: „Tust du mir nichts, tu ich dir nichts."

Duftstoffe Bestimmte Düfte lassen manche Katzen förmlich ausrasten. Ganz oben auf der Liste stehen Baldrian und Katzenminze. Sie wälzen sich darin, kauen darauf herum und sabbern. Es ist wie ein Rausch für sie.

Lautsprache Katzen können mehr als 100 unterschiedliche Laute erzeugen: Knurren, Spucken, Miauen, Fauchen, Gurren und Schnattern sind die bekanntesten. Untereinander miauen erwachsene Katzen in der Regel nicht, es ist uns Menschen vorbehalten.

Körperpflege Katzen verbringen sehr viel Zeit mit der Fellpflege, da ihr Fell sehr pflegeintensiv ist. Bei den Halblanghaar- und Langhaarkatzen reicht das oft nicht aus. Hier muss der Mensch helfen und mitunter täglich bürsten, um Verfilzungen zu vermeiden.

Schlafen Katzen können ohne Probleme bis zu 18 Stunden am Tag schlafen oder dösen. Normalerweise verbringen sie aber „nur" 15 Stunden damit, sie verschlafen also mehr als die Hälfte ihres Lebens. Eine schlafende Katze sollte nicht gestört werden.

Timesharing Katzen sind echte Timesharing-Spezialisten. Sie teilen sich die Gebiete, die gemeinsam genutzt werden, zeitlich auf. Dadurch sind überlappende Reviere mit Nachbarkatzen möglich, ohne sich begegnen zu müssen. So braucht die Katze sich nicht direkt mit dem Nachbarskater auseinanderzusetzen, das verhindert Streitereien.

Katzenschwanz Katzen bewegen ihren Schwanz, wenn sie aufgeregt sind. Je erregter sie sind, desto stärker und peitschender werden die Bewegungen. Sie können auch nur einzelne Bereiche des Schwanzes bewegen, z. B. die Spitze, während der Rest hängt oder steil aufgerichtet ist. Der Schwanz ist ein gutes Stimmungsbarometer und zeigt schon von weitem, wie die Katze gelaunt ist.

Freundlich aufgerichteter Schwanz: Hallo Mama!

Einige Gedanken vorab

Sie wünschen sich sehnlichst ein Kätzchen. Bitte machen Sie sich vorab einige Gedanken und prüfen Sie ernsthaft, ob Sie sich für die nächsten 15 bis 20 Jahre um eine Katze kümmern können.

Katzenkinder sind niedlich und mit die schönste Gesellschaft, mit der wir unser Leben teilen können. Sie bereichern uns mit ihrem Freigeist und ihrer Anschmiegsamkeit. Man könnte den ganzen Tag zuschauen, wie sie die Welt erobern. Es gibt kaum etwas Vergleichbares, wenn ein Kitten zu seinem Menschen kommt und beschließt, dass er das bequemste Bett der Welt ist, sich auf dessen Schoß zusammenrollt und schnurrend einschläft.

DRUM PRÜFE, WER SICH EWIG BINDET

Doch bevor Sie sich entscheiden, ein oder gar zwei neue Familienmitglieder aufzunehmen, sollten Sie sich vorab über einige grundlegende Fragen rund um die Katzenhaltung Gedanken machen:
— Passt eine Katze in Ihr Leben? Haben Sie Zeit, Geduld und Lust, sich täglich mit dem Kätzchen zu beschäftigen, es zu erziehen, sein Fell zu pflegen und mit ihm zu kuscheln und zu spielen, wenn es mag?
— Bietet Ihre Wohnung / Ihr Haus genügend Platz, den eine Katze benötigt? Kann der Lebensraum katzensicher gestaltet werden? Ist in Ihrer Mietwohnung die Katzenhaltung erlaubt?

— Können Sie Ihrer Katze ein möglichst artgemäßes Leben bieten?
— Haben Sie die Zeit und Lust, sich täglich liebevoll um Ihren Stubentiger zu kümmern?
— Stören Sie sich auch nicht an den Katzenhaaren, die Ihre Mieze wohl oder übel in Ihrem Lebensraum hinterlässt? Das Gleiche gilt auch für Katzenstreu, die sie an den Pfoten aus dem Katzenklo hinausträgt und im Zimmer verteilt.
— Wer kümmert sich um Ihre Katze, wenn Sie in den Urlaub fahren wollen?

Eine Katze auf dem Schoß ist etwas sehr Schönes.

001

Zum Film:
Haltungs-
fragen

Der Schoß des Menschen ist nicht nur ein toller Schlafplatz, sondern auch ein bequemer Spielplatz.

— Gibt es Sicherheiten für Ihre Katze, wenn Sie beispielsweise krank werden und sich nicht mehr um sie kümmern können?

— Haben Sie die Nerven und den Willen, Ihrer Katze durch schwere Zeiten wie z. B. bei Verhaltensauffälligkeiten oder Krankheit zu helfen?

— Und nicht zuletzt: Können Sie sich die Kosten der Katzenhaltung leisten? Es geht nicht nur um die laufenden Kosten: Wenn eine Katze krank wird, kommen mitunter sehr schnell große Summen zusammen.

Es ist wichtig, sich über diese und weitere Fragen klar zu werden, denn es bedeutet nicht nur Sonnenschein, das Leben mit einer Katze zu teilen. Manchmal ist es harte Arbeit, kostet Zeit und Geld und hin und wieder auch Nerven. Dennoch gibt es für eingefleischte Katzenfans nichts Schöneres, als Katzen um sich zu haben!

Können Sie diese Fragen positiv beantworten, gratulieren wir Ihnen, denn Sie treffen eine ganz wunderbare Entscheidung. Sie werden faszinierende Familienmitglieder bei sich aufnehmen, die Ihre Zuneigung und Liebe nicht nur erwidern, sondern auf ihre ganz eigene, fabelhafte Weise zurückgeben.

Ich möchte Sie nun einladen, gemeinsam mit mir in die Welt der Kätzchen und Katzen einzutauchen und mehr über diese faszinierenden Wesen zu erfahren.

Einzelkatze oder Dreamteam?

An der Frage, ob Katzen einzeln oder in Gruppen artgemäßer leben und gehalten werden sollten, scheiden sich die Geister. Sind Katzen Einzelgänger oder brauchen sie einen Artgenossen? Die Lösung ist immer eine individuelle, denn jede Katze ist eine einmalige Persönlichkeit mit eigenen Bedürfnissen, was die Geselligkeit betrifft. Trotzdem gibt es einige Regeln, die es bei dieser Entscheidung zu beachten gilt.

Die Größe einer Katzengruppe festzulegen, ist meistens eine Gratwanderung zwischen zu vielen und zu wenigen Tieren. Bei mehreren Katzen haben die Tiere mehr Stress, weil sie viele kätzische Beziehungen untereinander pflegen und managen müssen und sich auf verschiedene Katzencharaktere einlassen müssen. Ein Einzelkatzen-Leben kann Einsamkeit, Langeweile oder Frust bedeuten. Was ist also die optimale Anzahl an Katzen in einem Haushalt?

Während die eine Fraktion der Katzenfans in unseren Hauskatzen noch immer den eingefleischten Einzelgänger sieht, der aufgrund seiner Jagdgewohnheiten nur allein leben kann, betrachtet die andere Fraktion die Einzelhaltung von Katzen, insbesondere von Kitten, als tierschutzrelevant.

So einfach ist es leider nicht. Jede Katze ist eine eigene Persönlichkeit, mit einer speziellen Mischung aus genetischer Veranlagung zur Geselligkeit, Sozialisation und späteren Erfahrungen mit Artgenossen, Menschen und anderen Tieren. Hinzu kommen unterschiedliche Lebensbedingungen, von reiner Wohnungshaltung bis hin zum fast autarken Selbstversorger mit minimalem Menschenkontakt auf einem entlegenen Bauernhof. Zwischen diesen Extremen gibt es jede Menge Abstufungen in der Lebensweise, den geselligen Neigungen und individuellen Lernerfahrungen. Daher kann es auch keine pauschale Aussage darüber geben, ob Katzen grundsätzlich zusammen oder allein leben sollten.

FORSCHUNGS-ERGEBNISSE

In den letzten Jahrzehnten wurden viele Studien an verwilderten Hauskatzenpopulationen, aber auch an Katzengruppen in Tierheimen und an Laborkatzen bezüglich ihrer sozialen Strukturen durchgeführt. Dabei zeigte sich, dass es die verschiedensten Formen des Zusammenlebens gibt. Von Fami-

002

Zum Film: Katzen- freunde

Zwei Geschwister, die die Nähe zueinander suchen. Vor allem Kitten haben ein großes Bedürfnis danach.

lienverbänden, in denen sich die weiblichen Verwandten zusammentun, um ihren Nachwuchs zu säugen und aufzuziehen, bis hin zu Einzelgängern mit mehr oder weniger geselligen Neigungen, über Harems, Verbände von Katern, die Studentenverbindungen gleichen, bis hin zu löwenrudelähnlichen Strukturen und sogar dauerhaften Paarbindungen wurde alles beobachtet. Diese unglaubliche Bandbreite an Sozialstrukturen zeigt uns, wie anpassungsfähig und vielfältig Katzen in ihrem Sozialverhalten sein können. Ganz deutlich war jedoch ein Zusammenhang zwischen dem leichten Zugang zu wichtigen Ressourcen und der Gruppengröße bzw. der ausgebildeten Sozialstruktur zu erkennen: Je mehr Nahrung und Platz zur Verfügung standen, desto größer waren die Gruppen der freundschaftlich zusammenlebenden Katzen. Weiterhin gab es einige Studien an Katzengruppen, die ein normales Hauskatzendasein führten. Hier wurde festgestellt, dass es erstaunlich viele freundliche Kontakte zwischen den miteinander lebenden Tieren gab. Die Erkenntnisse über die sozialen Systeme von verwilderten Katzen lassen sich also zumindest in Teilen auf Hauskatzen übertragen, denn gerade ihnen mangelt es meist nicht an der wichtigsten Ressource: Nahrung. Sie scheinen also mehr soziale Neigungen zu haben, als viele wilde oder verwilderte Artgenossen.

BEDÜRFNIS NACH NÄHE

Das Bedürfnis einer Katze nach Nähe kann sehr variieren. Einige Katzen lieben Kontaktliegen. Andere genießen die Nähe zur Mitkatze, brauchen aber keinen Körperkontakt und wieder andere möchten ihn gar nicht. Diese Vorlieben können sich mit der Zeit verändern, unabhängig davon, wie stark sich die Katze an ihren Menschen bindet. Das Kuschelbedürfnis mit Menschen ermöglicht keinen Rückschluss, wie sehr eine Katze eine andere braucht, um kätzische Bedürfnisse wie Kontaktliegen, soziale Körperpflege oder auch gemeinsame Aktivitäten auszuleben.

Es ist viel schöner, gemeinsam die Welt zu entdecken, als allein.

SCHLUSSFOLGERUNGEN

Im Normalfall wird eine Katze 15–20 Jahre alt. Sie sollten sich also fragen, ob es okay ist, ein Kitten ein gesamtes Katzenleben lang in Isolation von seinen Artgenossen zu halten. Ein sozial aufgewachsenes Kitten mit Freude am Kontakt mit anderen Katzen in Einzelhaltung zu nehmen, sollte sich von selbst verbieten. Erst recht, wenn die zukünftigen Bezugsperson(en) lange außer Haus und die Katzen oft allein sein werden.

Katzen sind in der Regel sehr spiel- und kontaktfreudige, lernfähige, intelligente und empathische Wesen, denen man den Kontakt zu Artgenossen, wenn sie dies selbst gerne möchten, nicht verwehren darf. Kitten leben sich in der Regel zusammen mit einem gleichaltrigen Artgenossen besser im neuen Zuhause ein. Entscheiden Sie sich dafür, junge Kätzchen aufzunehmen, ist es empfehlenswert, von Anfang an zwei gut zueinander passende Katzenkinder auszuwählen. Damit ist die Chance, dass sich die Tiere auf Dauer gut verstehen, recht hoch. Zudem ist die Trennung von der Mutter und den anderen Geschwistern nur halb so schlimm, wenn ein Geschwisterchen mit umzieht und man gemeinsam das neue Zuhause erkunden kann.

Ein Kitten, das zwar eine gute Kinderstube genossen hat, jedoch im erstes Jahr oder noch länger allein lebte, verlernt unter Umständen seine guten Umgangsformen gegenüber Artgenossen, sodass es schwer werden kann, ihm später einen Kumpel an die Seite zu stellen.

WAS KANN ICH DEN KATZEN BIETEN?

Beziehen Sie also folgende Faktoren in Ihre Überlegungen ein:

— **Platzangebot** Wie viel Platz können Sie anbieten, ist Freigang möglich?
— **Zeit** Haben Sie ausreichend Zeit, allen Katzen gerecht zu werden? Werden die Katzen viel allein sein?
— **Kosten** Jede Katze muss tierärztlich versorgt werden, und braucht Futter und Katzenstreu.
— **Charakter** Zwei besonders menschenbezogene Katzen brauchen mehr Aufmerksamkeit als zwei, die sich auch allein beschäftigen können. Achten Sie bei der Auswahl der Katzen darauf, dass die Charaktere zusammenpassen.
— **Ausstattung** Sind genügend Kratzbäume, Futterplätze, Katzenklos, etc. vorhanden?

Der Aufwand lohnt sich! Ein harmonisches Katzenpaar ist ausgeglichener, glücklicher und zufriedener als eine Einzelkatze.

AUSNAHMEN BESTÄTIGEN DIE REGEL

Ich möchte nicht bestreiten, dass es auch Einzelgänger gibt! Allerdings handelt es sich dabei weniger um Kitten, die frisch von der Mutter und den Geschwistern getrennt wurden, sondern eher um Katzen, die jahrelang allein gelebt haben, die ihren Menschen nicht oder nicht mehr teilen wollen, die gemobbt wurden oder jahrelang um des lieben Friedens Willen zurückgesteckt haben. Kitten, die direkt von Mutter und Geschwistern kommen, kennen nichts anderes, als immer einen Artgenossen in der Nähe zu haben, der die gleiche Sprache spricht, der sie versteht. Egal,

wie viel Zeit der Mensch sich auch nimmt und sich mit der Katze beschäftigt, er wird niemals soziale Körperpflege betreiben können, wie es nur Katzen untereinander können, er wird niemals die Muttersprache seiner Katze sprechen. Ihm fehlen die drehbaren Ohren, der Schwanz, die Schnurrhaare und der Pelz.

SOZIALPARTNER MENSCH

Katzen wissen, dass wir keine Katzen sind. Ein weiteres Kitten wird also keine Konkurrenz für Sie als Sozialpartner sein. Im Gegenteil, Katzen mit artgenössischer Gesellschaft sind meist ausgeglichener als allein lebende Exemplare. Weder können Sie als Mensch den Sozialpartner Katze ersetzen, noch umgekehrt. Beide Beziehungen haben ihre eigenen Aufgaben und ihre Daseinsberechtigung: Sie können Ihrem Kätzchen nicht geben, was ein Artgenosse ihm geben kann, und ein Katzenkumpel kann dem Katzenkind nicht geben, wofür es Sie liebt.

SOZIALSPIEL

Befreundete Katzen spielen meist regelmäßig miteinander, und je nach Geschmack kann es auch einmal etwas ruppiger werden. Wichtig dabei ist, dass es für alle beteiligten Katzen ein Spiel bleibt. Das erkennen Sie daran, dass nicht gefaucht oder geknurrt wird. Es gibt keine oder nur minimale Verletzungen. Die Rollen von Verfolger und Verfolgtem, bzw. Opfer und Täter, wechseln, ebenso die Aufforderung zum Spiel. Die Stimmung ist freundlich und alle Katzen haben Spaß daran.

FAUSTREGEL

Eine Faustregel zur Anzahl der Katzen in einem Haushalt besagt, dass niemals mehr Katzen zusammenleben sollten, als Hände zum Streicheln da sind oder Zimmer, in die sich die einzelnen Katzen zurückziehen können.

Freigang oder Wohnungshaltung?

Auch diese Frage spaltet die Katzengemeinde. Die einen fordern Freigang für alle, die anderen geben Katzen nur in reine Wohnungshaltung ab, aufgrund der unkalkulierbaren Risiken, die ein Freigängerleben bereithält. Aber auch hier gibt es Möglichkeiten, die zwischen beiden Extremen liegen.

Die Frage, ob Freigang notwendig ist, ist nicht pauschal zu beantworten. Es gibt Katzen, die ihren Freigang einfordern, andere interessieren sich gar nicht für das große „Zimmer" jenseits der Katzenklappe. Auch hier müssen wieder individuelle Vorlieben, Erfahrungen und Rahmenbedingungen der Wohnsituation berücksichtigt werden. Eine Katze an einer vierspurigen Straße in einer Großstadt ins Freie zu lassen, erst recht, wenn die Wohnung nicht im Erdgeschoss liegt und über eine chipgesteuerte Katzenklappe jederzeit zugänglich ist, halte ich für zu gefährlich. In ruhiger Wohnlage mit wenig Straßenverkehr und viel Platz ist ungesicherter Freigang eine wunderbare Möglichkeit.

REVIERGRÖSSE

Schauen wir uns zunächst einmal die normale Reviergröße eines Freigängers an. Studien an verschiedenen Katzenpopulationen haben Reviergrößen von mindestens einigen tausend Quadratmetern bis hin zu mehreren Hektar Streifgebiet gefunden. Eine normale Stadtwohnung hat eine durchschnittliche Größe von ca. 75 bis 90 qm und ist damit um ein Vielfaches kleiner als ein normales Katzenrevier. Diese relative Beengtheit spricht durchaus dafür, Freigang zu ermöglichen, wenn es machbar ist.

VOR- UND NACHTEILE ABWÄGEN

Katzen mit Freigang kommen in den Genuss, der Natur ganz nah zu sein, sie können sich wie Katzen verhalten: echte Beute jagen, auf Bäume klettern, durch Wiesen streifen, den Rasen, Sand und Waldboden unter den Pfoten spüren. Sie können sich den Wind durchs Fell wehen lassen und sich in der Sonne aalen. Aber sie kommen auch mit weit mehr Gefahren in Kontakt. Krankheiten, Straßenverkehr, Menschen, die ihnen nicht wohl gesonnen sind, versehentliches Einsperren in Nachbars Schuppen. Rassekatzen oder besonders schöne Exemplare können auch gestohlen werden. Jedoch birgt auch die reine Wohnungshaltung Gefahren, wenn auch keine lebensbedrohlichen. Viele Wohnungskatzen, die Freigang kennenlernen durften, leiden stark darunter, wenn sie beispielsweise nach einem Umzug nicht mehr hinausdürfen. Und selbst Katzen, die nie Freigang hatten, langweilen

01

02

sich in einer oft reizarmen Wohnungshaltung, bei der im schlimmsten Fall jeder Tag identisch und eintönig ist.

Die einen sagen, das Risiko sei zu groß, die Katze bleibt im Haus. Die anderen argumentieren, dass ein kurzes, aber katzengerechtes Leben besser sei, als ein langes „im goldenen Käfig". Beide Standpunkte haben ihre Daseinsberechtigung, aber keiner von beiden ist allgemeingültig.

FAZIT

Freigang ist wunderbar, dort wo er relativ gefahrlos möglich ist. So haben auch allein lebende Katzen die Möglichkeit, Sozialkontakte zu benachbarten Katzen einzugehen. Draußen gibt es weit mehr spannende Dinge zu entdecken. Andererseits kann Freigang auch Probleme mit sich bringen, wenn es beispielsweise Auseinandersetzungen mit der Nachbarskatze gibt. Die eigene Katze fängt vielleicht an, im Haus zu markieren, da der Stress mit ins Haus gebracht wird. Oder die eigene Katze erledigt ihr Geschäft im Blumenbeet des Nachbarn, was nicht selten einen ernsten Nachbarschaftsstreit nach sich zieht. Ein schöner Mittelweg ist der eingeschränkte Freigang im gesicherten Garten, einem Katzengehege oder gesicherter Freigang an Geschirr und Leine.

Auch die reine Wohnungshaltung ist durchaus eine Option, wenn uneingeschränkter oder gesicherter Freigang nicht möglich ist. Dann sind Sie als Halter gefragt, regelmäßig für neue Reize und Höhepunkte im Katzenalltag zu sorgen. Als Wohnungskatzenhalter müssen Sie etwas kreativer werden, um Ihrer Katze den Alltag abwechslungsreich zu gestalten. Tipps hierzu erhalten Sie ab Seite 118 im Kapitel „Enrichment".

01 *„Ganz schön hoch hier!" Auch auf Bäume zu klettern, ist nicht leicht und will gelernt sein.*

02 *„Hallo Welt, was hast du mir zu bieten?" Das Revier wird neugierig erkundet.*

Grundausstattung

Zur Grundausstattung für kleine und große Stubentiger gehören nicht nur Katzentoiletten, Kratzbäume und Futternäpfe, sondern vor allem viel Zeit, Geduld und Liebe.

In diesem Kapitel machen wir uns Gedanken, was artgemäße Katzenhaltung bedeutet, welche Bedürfnisse kleine und später auch große Stubentiger haben, um glücklich und zufrieden leben zu können. Katzen können nicht aus ihrer Haut und werden vielleicht zum Teil Verhaltensweisen zeigen, mit denen Sie nicht einverstanden, die aber für eine Katze artgemäß sind. Wenn Ihre Katze unzufrieden ist, sind Sie es mit großer Wahrscheinlichkeit auch. Denn Katzenhaltung ist nicht so anspruchslos, wie oft behauptet wird.

Katzen sind fühlende Wesen. Sie reagieren manchmal mit für uns Menschen unverständlichem oder unpassendem Verhalten, wenn etwas in ihrem Lebensumfeld nicht optimal ist. Wenn Sie von Anfang an auf einige Dinge achten, umschiffen Sie die meisten Klippen. Denn wenn Sie eine oder mehrere Katzen aufnehmen, übernehmen Sie die Verantwortung für sie, idealerweise ein Katzenleben lang.

KATZENKLO UND EINSTREU

Machen Sie es Ihren Kätzchen so leicht wie möglich, sich an die Toiletten zu gewöhnen. Katzen in „freier Wildbahn" haben bestimmte Kriterien, nach denen sie ihre Örtchen auswählen.

DER UNTERGRUND

Die meisten Katzen bevorzugen einen weichen Untergrund, in dem sie gut buddeln und scharren können. Dieses Verhalten müssen sie nicht lernen, es ist angeboren. Normalerweise buddeln Katzen ein kleines Loch, in das sie ihre Hinterlassenschaften absetzen, um es anschließend wieder zuzuscharren. Man nimmt an, dass dies zum einen der Sauberkeit im Revier dient, zum anderen schützt das Verscharren von Kot und Urin davor, von Fressfeinden aufgespürt zu werden.

Das bedeutet für Sie Wählen Sie eine Streu aus, die sich für Ihre Katze angenehm an den empfindlichen Pfoten anfühlt. Das ist meist bei feiner, weicher Streu der Fall. Vom hygienischen Standpunkt aus eignet sich eine naturnahe Streu, die bei Flüssigkeitskontakt klumpt und nicht mit Duftstoffen versetzt wurde. So lassen sich die Hinterlassenschaften einfach und sparsam entfernen. Zudem werden womöglich ausgeschiedene Krankheitskeime mit den Klumpen entsorgt und sammeln sich nicht in der Toilette an. Geben Sie mindestens 7 – 10 cm Streu ins Katzenklo, damit Ihre Katze ausgiebig graben kann, ohne den Boden zu erreichen. Bitte vermeiden Sie Streu, bei der der Urin in der Katzentoilette verbleibt, z. B. bei einigen Naturfaser- oder Silikatstreus, denn Katzen graben nicht gern darin.

003
Zum Film:
Ausstattung
für Kätzchen

01

02

03

MIT ODER OHNE DECKEL?

Katzen sind zwar Beutegreifer, doch aufgrund ihrer Größe werden sie zur potenziellen Beute für größere Jäger. Daher ist es für ihre Sicherheit unabdingbar, den Überblick über die Umgebung zu behalten, gerade in so einem schutzlosen Moment wie dem Toilettengang. Das gilt ebenso für Mit- oder Nachbarkatzen, um ungewollte Begegnungen oder Angriffe zu vermeiden. Wer den Feind rechtzeitig sieht, wird nicht überrascht und kann ihm ausweichen. Darum wählen Katzen meist Plätze, die ihnen eine gute Übersicht in viele Richtungen bieten, sie selbst jedoch etwas tarnen. Dabei scheint es ihnen wichtiger zu sein, den Überblick zu behalten, als unsichtbar zu sein.

Das bedeutet für Sie Katzen sind keine „Höhlenpinkler", wie die Tierärztin Sabine Schroll so passend formulierte! Eine Haubentoilette mag für uns Menschen angenehm sein – es wird weder Streu nach draußen gegraben noch verbreitet sich der Geruch der Hinterlassenschaften ungehindert im Zimmer. Nun stellen Sie sich aber vor, wie sehr es erst unter der Haube riecht, gerade wenn es sich um ein Toilettenmodell mit Schwingtür handelt. Hauben versperren die Sicht und besitzen nur einen Ein- und Ausgang, ein Haubenklo wird schnell zur Falle und lädt zu Überfällen ein, eine Unart unter Katzen, die leider häufiger vorkommt, als man denkt, und oft ein Grund für Unsauberkeit ist. Wählen Sie die Größe des Klos so, dass Ihre Katze sich darin gut umdrehen und graben kann, ohne ständig anzustoßen.

01 *Klimmzug mit Probescharren.*

02 *Nun wird ein Loch gebuddelt ...*

03 *... und Kot abgesetzt. Viele Katzen wählen für Kot- und Urinabsatz verschiedene Orte, manchmal sogar innerhalb eines Klos: Kot wird hinten rechts, Urin weiter vorne abgesetzt.*

natürlichen Bedürfnis nachkommen und ihr kleines und großes Geschäft an verschiedenen Orten verrichten.

Reinigen Sie das Klo ein- bis zweimal täglich, indem Sie die verschmutzte Streu mit einer Schaufel entfernen. Wann eine Komplettreinigung notwendig wird, ist von der verwendeten Streu und der Gesundheit der Kätzchen abhängig, jedoch sollten die Katzentoiletten spätestens alle zwei Wochen heiß ausgewaschen und neu befüllt werden. Sind die Kätzchen krank, haben sie Durchfall oder Darmparasiten, sollte die Reinigung häufiger stattfinden, denn bei jedem Toilettengang steigt der Infektionsdruck oder es besteht die Gefahr der Neuansteckung.

BITTE NICHT STÖREN!

Der Moment des „sich Erleichterns" ist ein sehr verletzlicher und ungeschützter. Daher ist es verständlich, dass Katzen sich Orte aussuchen, die sie in vielerlei Hinsicht schützen und an denen sie Ruhe haben. Dort wird es in der Regel keine Belästigungen durch spielende Mitkatzen, laute Geräusche, andere Tiere oder auch Menschen geben.

Das bedeutet für Sie Der Ort, an dem das Katzenklo aufgestellt wird, ist nicht minder wichtig, als die restlichen Kriterien. Er sollte immer zugänglich und ruhig gelegen sein, sodass Ihre Katze sich ganz ungestört erleichtern kann.

Ungeeignet sind enge Räume oder Durchgänge, unter der Spüle oder neben der Waschmaschine, im engen Flur mit unvorhersehbarem Durchgangsverkehr.

Bitte achten Sie auch darauf, dass das Katzenklo nicht in unmittelbarer Nähe von Schlafplatz, Futter- oder Wassernapf aufgestellt wird. Katzen unterteilen ihr Revier in eine Kernzone und ein Streifgebiet. In der Kernzone schlafen und essen sie, ihr Geschäft erledigen sie dort nicht. Natürlich verwischen diese Grenzen in der Wohnungshaltung, sodass aufgrund des begrenzten Platzangebots

Das Kätzchen hat es sich in der Hängematte gemütlich gemacht.

DER PASSENDE ORT

Es ist wichtig, dass einer Katze mehrere Toilettenplätze zur Auswahl stehen. Denn wenn der Lieblingsplatz gerade nicht sicher ist, kann sie an einen anderen Ort ausweichen. Und wer buddelt schon gern im eigenen Kot oder Urin? Katzen wählen daher für das nächste Häufchen einen Ort, der vom letzten etwas entfernt ist. Zudem gibt es Katzen, die ihr kleines und großes Geschäft lieber an verschiedenen Orten verrichten möchten.

Das bedeutet für Sie Stellen Sie mindestens so viele Katzenklos auf wie Sie Katzen haben, plus eine weitere: also für eine Katze zwei Klos, für zwei Katzen drei Klos usw. Je mehr Toiletten zur Verfügung stehen, desto größer ist die Chance, dass Ihre Katzen ein wenig beziehungsweise ein unbenutztes Klo vorfinden, wenn sie mal müssen. Sie können ihrem

nicht mehr ganz klar ist, wo das Kerngebiet endet und das Streifgebiet beginnt. Wenn Sie jedoch die Möglichkeit haben, sollten Sie Schlaf- und Futterstellen von Ausscheidungsplätzen trennen. Dazwischen sollten mindestens zwei bis drei Meter liegen.

Die Katzenklos sollten auf die verschiedenen Räume und Etagen der Wohnung oder des Hauses verteilt werden. Gerade bei jungen Katzen kann auch mal ein Missgeschick passieren, sie merken vor lauter Spielen gar nicht, dass sie mal müssen. Plötzlich ist es dringend und der Weg über zwei Etagen in den Keller womöglich zu weit, um es rechtzeitig zu schaffen. Daher sollte auf jedem Stockwerk mindestens ein Katzenklo angeboten werden. Stören oder erschrecken Sie Ihre Katzen niemals während des Toilettengangs. Das kann dazu führen, dass sie dieses Klo nicht mehr benutzen und sich stattdessen andere Orte suchen, wo es sicherer ist, sich zu erleichtern.

SCHLAFPLÄTZE UND VERSTECKE

DIE DRITTE DIMENSION

Katzen lieben es, weit oben zu liegen und zu beobachten, zu schlafen oder zu dösen. Viele Katzen fühlen sich in der Höhe weitaus wohler als auf dem Boden: Sie haben ihre Umgebung besser im Blick und sind nicht in unmittelbarer Nähe von menschlichen und tierischen Mitbewohnern oder potenziellen Feinden. Es ist also sehr wichtig, erhöhte Plätze zur Verfügung zu stellen. Sie tun Ihren Kätzchen einen riesengroßen Gefallen, wenn Sie ihnen erlauben, aufs Sideboard zu springen und ihnen dort einen kuscheligen Schlafplatz einrichten, wenn Sie Catwalks und andere Aufstiegshilfen so anbringen, dass Ihre Kitten mit deren Hilfe auf Schränke, Regale und Fensterbretter gelangen und weit oben liegen, beobachten oder schlafen können.

Hier kann man sich sicher fühlen, sowohl aufgrund der erhöhten Lage als auch der Nähe zueinander.

Warme, kuschelige Plätze sind bei Katzen sehr beliebt, am besten erhöht mit Aussicht.

DER BLICK NACH DRAUSSEN

Fenster sind oft, gerade wenn Freigang nicht machbar oder erwünscht ist, die einzige Möglichkeit, Kontakt mit der Außenwelt zu haben und Vögel, Insekten oder Eichhörnchen zu beobachten. Das ist wie ein 24-Stunden-Katzenkino, das Ablenkung und geistige Anregung schafft. Selbst wenn Ihre Katze die beobachteten Vögel und Tierchen nicht jagen und erbeuten kann, hat sie zumindest die Möglichkeit, einen kleinen Teil ihrer jagdlichen Bedürfnisse, das Lauern und Beobachten, ausleben zu können.

RÜCKZUGSMÖGLICHKEITEN UND VERSTECKE

Bieten Sie Ihren Kitten ausreichend Möglichkeiten, um sich zu verstecken und gleichzeitig beobachten zu können. Dazu gibt es zahlreiche Möglichkeiten, von einfach und günstig bis aufwändig und teuer. Zum Beispiel können Sie die Couch 10 bis 20 cm von der Wand wegrücken, sodass Mieze sich dahinter zurückziehen kann. Der Abstand sollte so groß sein, dass sie sich problemlos umdrehen kann. Schaffen Sie im Regal kuschelige Liegeplätze

oder versteckte Wege hinter Bücherreihen. Große, offene Flächen sind aus Katzensicht eher gefährlich. Sie können diese unterbrechen, indem Sie Pflanzen, Kartons, Schlafhöhlen, Hocker oder Stühle strategisch geschickt platzieren und mit bodenlangen Decken abdecken. So kann Mieze von einer Deckung zur nächsten huschen, ohne gesehen zu werden.

Katzenkinder benötigen noch viel Ruhe und Schlaf. Es sollte daher ein oder zwei Plätze geben, an denen die Kätzchen ungestört sind. Diese Plätze sind absolut tabu für Menschen und unerreichbar für Kinder oder andere Haustiere – dort dürfen die Kätzchen nicht gestört werden.

AUS KATZENPERSPEKTIVE

Gehen Sie einfach mal auf alle Viere und betrachten Sie die Welt aus Katzenperspektive. So erhalten Sie einen besseren Einblick, wie offen die Laufwege und Blicke durch Ihre Wohnung sind oder ob es schon ausreichend Deckung gibt.

SPEZIELLE KATZENBETTCHEN?

Sind spezielle Katzenbetten notwendig? Die Antwort ist einfach: Nein, sie können aber schön und manchmal auch sinnvoll sein! Wenn Sie Ihrer Katze ausreichend katzengerechte Schlafmöglichkeiten bieten, ist ein teures Designerbett nicht notwendig.

Viele Katzen lieben es, sich beim Schlafen anzulehnen oder ihr Köpfchen auf einem Rand abzulegen. Ein kleiner Rand bietet außerdem den Vorteil, dass Katzen sich etwas versteckt und sicher fühlen können.

Achten Sie bei der Auswahl vor allem darauf, was Ihre Katze bevorzugen würde: warm und kuschelig, offen, mit Rand oder als Höhle. Das Material sollte bei 60 °C waschbar sein. Das erleichtert die Reinigung.

KATZE IM BETT?

Das ist die große Frage. Die Antwort kann auch hier keine pauschale sein. Es spricht nichts dagegen, dass Ihre Katzen im Bett schlafen dürfen. Katzen sind reinliche Wesen. Wenn Ihre Freigänger jedoch Unmengen an Zecken und Flöhe mit ins Haus bringen, ist es auch in Ordnung, den Zugang zum Schlafzimmer zu verwehren, solange Sie tagsüber ausreichend Zeit für Beschäftigung, Spiel und Kuscheln mit den Katzen einplanen. Natürlich sollten Sie auch etwas gegen den Ungezieferbefall unternehmen, aber das versteht sich von selbst.

Viele Katzen wollen jedoch gar nicht im Bett schlafen, denn wir Menschen bewegen uns nachts und das stört manche Katzen, die davon aufwachen und spätestens dann den Platz wechseln. Alternativ können Sie hier „so gut wie im Bett"-Schlafplätze anbieten: ein Polsterhocker mit Katzen-Bettchen direkt neben dem Bett oder eine weiche Decke auf dem Nachttisch am Kopfende wird gern angenommen. So wird die Katze durch den unruhigen Schlaf des Menschen nicht gestört, kann aber trotzdem in unmittelbarer Nähe schlafen. Manche Menschen finden es unhygienisch, ihre Katze im Bett schlafen zu lassen.

Fragen Sie am besten beim ersten Tierarztbesuch nach, ob der Gesundheitszustand Ihrer Kätzchen es erlaubt, dass sie mit im Bett schlafen, wenn Sie Bedenken haben. Die Nähe und Vertrautheit in der Beziehung zu Ihren Katzen, die durch den geruchlichen Austausch und die körperliche Nähe zu Ihnen entsteht, ist es in jedem Fall wert, sich zu überlegen, ob Ihre Katzen im Schlafzimmer und vielleicht sogar mit im Bett schlafen dürfen. Entscheiden muss dies jeder Katzenhalter letztendlich selbst.

Der Korb im Regal ist ein tolles Versteck.

Ängstliche Katzen freuen sich über Sichtschutz.

Glasschalen sind als Futternapf gut geeignet. Man kann sie gut reinigen, die Katzen können bequem daraus fressen.

FUTTER- UND WASSERNÄPFE

FUTTERNÄPFE

Sie benötigen mehrere Futternäpfe (mindestens zwei pro Katze), um diese abwechselnd verwenden zu können. Die Näpfe sollten standfest, der Rand nicht zu hoch und aus Glas oder Porzellan sein. Weder Metall- noch Plastiknäpfe sind geeignet. Plastik enthält Weichmacher, die auf Dauer weder für Tier noch Mensch gesund sind. Zudem zerkratzt Plastik schnell und Schmutz und Keime setzen sich fest. Diese Näpfe sind nicht gut zu reinigen. Bei einigen Katzen besteht sogar ein Zusammenhang zwischen Plastik- oder Metallnäpfen und feliner Kinnakne, die zu starken Entzündungen und Schmerzen führen kann. Bei Metallnäpfen besteht die Gefahr, dass sich Metallionen im Wasser, aber auch im Futter anreichern können, die sich dann im Katzenkörper anlagern und zu gesundheitlichen Belastungen führen können. Am besten eignen sich größere, flache Dessertschalen aus Glas. So stoßen die Schnurr-haare nicht an den Rand. Das empfinden viele Katzen als unangenehm. Auch Bilder auf dem Boden können manche Katzen verunsichern, sodass sie aus solchen Näpfen nicht gern essen. Der Ort der Fütterung sollte für Ihre Katze ein sicherer Ort sein und gerne aufgesucht werden. Genau wie beim Katzenklo darf der Fütterungsplatz keine Sackgasse sein. Die Fütterung muss nicht zwangsläufig in der Küche stattfinden. Viele Katzen bevorzugen es, erhöht zu fressen, d.h. auf einem Stuhl oder Fensterbrett. Zudem sollten Ihre Katzen bei der Nahrungsaufnahme ungestört sein und in aller Ruhe aufessen können. Es spricht auch nichts dagegen, getrennt zu füttern. Im Gegenteil, oft ist das für alle Beteiligten angenehmer und stressfreier. In jedem Fall sollte jede Katze ihren eigenen Napf bekommen, so vermeiden Sie von Anfang an Futterneid und sorgen für Zeiten vor, in denen eine Katze vielleicht spezielle Nahrung oder Medikamente bekommen muss, die andere jedoch nicht. Lassen Sie ausreichend Platz zwischen den Futterstellen, das können ein bis zwei Meter sein, aber auch verschiedene Zimmer.

Viele Katzen lieben Wasser und trinken sogar mit Hilfe der Vorderpfoten.

Wenn Sie gemeinsam füttern, achten Sie darauf, dass jede Katze ausreichend Futter abbekommt.

Wenn Ihre Katzen nicht aufessen, lassen Sie das Futter eine halbe bis eine Stunde stehen und räumen Sie es dann weg. Altes Futter rühren Katzen in der Regel nicht mehr an.

TRINKSTELLEN

Katzen sind ursprünglich Wüstentiere, die ihren Flüssigkeitsbedarf über die Nahrung stillen. Dazu nehmen sie das Blut ihrer Beutetiere auf. Ihre Nieren sind darauf spezialisiert, den Harn sehr stark zu konzentrieren, d. h. immer wieder Flüssigkeit zurück in den Stoffwechsel zu resorbieren, anstatt sie auszuscheiden. Es liegt ihnen also in den Genen, wenig zu trinken. Ihre heutige Lebensweise und Ernährung entspricht dem jedoch nicht mehr. Gerade bei Trockenfütterung sind Probleme mit dem Harnapparat vorprogrammiert, wenn eine Katze nicht ausreichend trinkt. Es ist also wichtig, immer frisches Wasser zur Verfügung zu stellen. Viele Katzen trinken lieber aus Zimmerbrunnen als aus normalen Näpfen, sie scheinen das fließende Wasser attraktiver zu finden. Andere bevorzugen abgestandenes, wieder andere nur ganz frisches Wasser aus dem Wasserhahn.

Finden Sie die Vorlieben Ihrer Kätzchen heraus, indem Sie verschiedene Möglichkeiten ausprobieren und bieten Sie entsprechende Trinkstellen an. Je mehr attraktive Wasserquellen angeboten werden, desto mehr trinken Katzen, selbst wenn sie nicht jeden angebotenen Wassernapf oder Trinkbrunnen benutzen. Wo Sie die Wasserstellen einrichten, ist fast egal, mit einer Ausnahme: Stellen Sie den Futternapf bitte nicht neben den Trinknapf. In der Natur trinken und essen Katzen selten am gleichen Ort. Ihre Wasserstellen sind feste Orte wie ein Bach oder eine Regentonne, die sie gezielt aufsuchen. Im Gegensatz dazu verspeisen sie erlegte Beute an einem sicheren Ort nahe dem Jagdplatz oder sie tragen sie in ihr Kernrevier. Es kann sinnvoll sein, den Katzen separate, ggf. erhöhte Wassernäpfe anzubieten, wenn Hunde mit im Haus leben. Ein Wassernapf mit Hundesabber ist so mancher Katze ein Graus.

KRATZ- UND KLETTER-MÖGLICHKEITEN

KRATZEN

Auch das Kratzen ist ein natürliches Bedürfnis Ihres Kätzchens. Das Kratzen hat dabei für Ihre Katze mehrere Funktionen: Auf diese Weise streckt sie zum einen ihre Muskeln und dehnt sich nach einer längeren Ruhephase. Zum anderen dient es aber in erster Linie dazu, das Revier für andere Katzen sicht-, hör- und riechbar zu markieren. Abgesehen von den gut sichtbaren Striemen werden durch spezielle Drüsen an den Pfoten Duftstoffe (sogenannte Pheromone) angebracht. Beides soll verraten: „Hier wohne ich." Ein weiterer Aspekt des ausgiebigen Krallenwetzens ist, dass Katzen dadurch versuchen, innere Spannungen und Frustration abzubauen. Das ausgiebige und zum Teil wilde Kratzen scheint ein wesentlicher Wohlfühl- und Spaßfaktor für eine gesunde Katze zu sein. Ein wichtiger Nebeneffekt ist außerdem, dass sich die alten Krallenhüllen beim Kratzen lösen und Platz für die nachwachsenden Krallen machen.

HOCH IM KURS

Manche Katzen bevorzugen horizontale, andere vertikale Kratzgelegenheiten. Wieder andere haben keine Vorlieben bezüglich der Lage, wohl aber bezüglich des Kratzmaterials: Während die eine dicke Teppiche auf dem Boden bevorzugt, liebt die andere alles aus Wellpappe. Der Freigänger kratzt vielleicht nur draußen an seinem Lieblingsbaum. Außerdem stehen meist hoch im Kurs:
— Lange und standfeste Kratzstämme, an denen sich auch eine ausgewachsene Katze richtig lang strecken kann,
— Kartons oder Kratzmöbel aus Wellpappe,
— Kratzbretter, Fußmatten oder kleine Teppiche aus Sisal, Maisstroh oder Kokosfaser, sowohl horizontal als auch vertikal,
— alles aus Wasserhyazinthe oder Seegras,
— Teppichboden, der an der Wand angebracht ist. Achten Sie darauf, dass dieser sich anders anfühlt, als Ihr sonstiger Teppichboden, sonst kann es sein, dass Ihre Katze die erlaubten nicht von den verbotenen Kratzzonen unterscheiden kann. Außerdem darf sie mit ihren Krallen nicht hängen bleiben, sie kann sich dabei verletzen. Vermeiden Sie daher Schlingenteppiche und -auslegware.

Je stärker Sie an Ihrer Einrichtung hängen, umso mehr empfiehlt es sich, sich Gedanken um geeignete Kratzgelegenheiten zu machen. Denn wenn Ihre Katzen mit den angebotenen nicht einverstanden sind, werden sie sich wahrscheinlich auf eigene Faust Orte suchen, an denen sie dieses Bedürfnis ausleben können. Das sind dann nicht selten das teure Sofa, die neue Tapete oder der gute Wollteppich. Bedenken Sie auch: Wenn Mieze einmal ihre Krallen am Sofa gewetzt hat, riecht diese Kratzstelle für sie ganz intensiv nach ihr und sie wird diese wieder auffrischen wollen.

Kratzmöbel aus Wellpappe stehen hoch im Kurs.

Auch ein Korb im Regal lädt zum Kratzen ein.

Kratzbäume sind tolle Spielpätze.

DER STANDORT

Ebenso wichtig wie das Material sind die Standorte der Kratzgelegenheiten. Wenn sie aus Katzensicht nicht stimmig sind, werden sie meist links liegen gelassen und stattdessen selbstgewählte, besser geeignete Alternativen

bearbeitet. Katzen bevorzugen zum Kratz-markieren im Allgemeinen gut sichtbare, horizontale oder vertikale Gegenstände, in der Nähe von häufig frequentierten Orten, So können sie von Artgenossen gut wahr-genommen werden. Aus Katzensicht sollten Kratzgelegenheiten an strategisch wichtigen Orten angebracht oder aufgestellt werden wie zum Beispiel:

— an Ecken von Möbeln und Zimmern,
— in der Nähe von Türzargen und Fenster-nischen,
— an wichtigen und viel genutzten Wegen durch die Wohnung,
— auf dem Weg zwischen dem Schlaf- und dem Futterplatz oder in der (unmittel-baren) Nähe von Ruheplätzen,
— an Seitenwänden oder Ecken von Schrän-ken und Regalen,
— an nach außen gewölbten Ecken von Schornsteinen oder anderen Schächten,
— im Eingangsbereich, wo Ihre Katze wo-möglich auf Sie wartet,
— in der Nähe (zeitweise) verschlossener Tü-ren wie der Balkontür oder von Räumen, die nur bedingt zugänglich sind,
— generell Bereiche, in denen Aufregung oder Frustration erlebt werden könnten. Hier hilft das Kratzen beim Abreagieren von aufgestauten Energien.

Der Kratzbaum dient zum Klettern und Krallenwetzen.

KLETTERN UND TOBEN

Kratzbäume dienen nicht nur dem Krallenwetzen, es sind auch Orte, an denen Katzen spielen und toben, aber auch schlafen und dösen können. Der optimale Kratzbaum sollte also all diese Anforderungen erfüllen. Spielen und Toben geht natürlich nur, wenn der Baum standfest ist, also nicht wackelt oder umkippen kann. Er sollte also sicher an der Wand oder an der Decke befestigt werden. Auch die Anordnung der einzelnen Elemente wie Stämme, Liegebretter und -mulden sollte katzengerecht sein. Das heißt, dass es sich auf einem Baum, der sehr eng gestaltet ist, nicht gut hoch- und runtertobt. Zwischen den Höhlen, Brettern und Liegeschalen sollte ausreichend Platz sein, sodass auch ausgewachsene Katzen den kompletten Stamm eines Deckenspanners hoch- und runterklettern können. Die Evolution hat unsere Stubentiger nicht umsonst mit Krallen ausgestattet, sie lieben es, möglichst schnell nach oben zu klettern. Man kann dabei mitunter den Eindruck gewinnen, dass sie den Stamm kaum berühren, sondern geradewegs an ihm hochlaufen. Der Weg herunter wird – gerade von Wohnungskatzen – meist hüpfend von Ebene zu Ebene gemeistert.

SPIELZEUG

Selbst wenn sich mit der Zeit wie von Zauberhand immer mehr Katzenspielzeug ansammelt, muss diese umfangreiche Spielzeugsammlung irgendwann einmal begonnen werden. Es gibt viele tolle, sinnvolle und sichere Spielzeuge im Handel. Allerdings gibt es leider auch solche, die diese Kriterien nicht erfüllen, auch wenn sie für uns Menschen hübsch anzuschauen oder praktisch sind. Achten Sie auf ungiftige, naturnahe Spielzeuge und darauf, dass sich keine Bestandteile zu leicht lösen oder abgebissen und verschluckt werden können. Für viele Katzen ist oft die Verpackung interessanter als das Spielzeug selbst. Diesen Umstand können Sie sich zu-

Es empfiehlt sich, mindestens einen großen Kratzbaum aufzustellen, am besten in der Nähe des Hauptaufenthaltsortes der menschlichen Familienmitglieder, mit gutem Aus- und Überblick. So können Ihre Kätzchen besser am Familienleben teilhaben. Der tollste Kratzbaum hinter der Tür oder im Flur wird selten genutzt. Schöner sind Standorte in Fensternähe. Dort sind Vogelkino und Sonnenstrahlen gleich inbegriffen. Außerdem sollten Sie weitere attraktive, gut platzierte Kratzmöglichkeiten anbieten. Finden Sie heraus, was Ihre Kätzchen bevorzugen.

KRATZEN

Was Kratzen ist: pure Lebensfreude, Abreagieren und Energieabbau, geruchliche Kommunikation, Schaffen von Sicherheit (hier riecht es nach mir, hier bin ich sicher), ein natürliches Bedürfnis

nutze machen: Werden Sie kreativ und basteln Sie mit Papier, Pappe, Korken oder (ungiftigen) Naturmaterialien individuelles Spielzeug, das genau auf die Bedürfnisse Ihrer Katze zugeschnitten ist.

DER SINN DES SPIELS

Mit der Zeit werden Ihre Katzen häufiger allein mit Objekten oder mit Ihnen am anderen Ende des Spielzeugs spielen wollen. Spielen erleichtert die Annäherung an die neue Familie:
— Es schafft Erfolgserlebnisse (Sie sollten Ihre Katze immer gewinnen lassen),
— es ermöglicht geistige und körperliche Auslastung und hält den Katzenkörper fit,
— es verbessert die Körperbeherrschung,
— es vertreibt Langeweile,
— es hilft, angestaute Energie abzureagieren.
— Spielen kann als Verhaltenstherapie eingesetzt werden oder um Grenzen auszutesten, sowohl untereinander als auch im Spiel mit dem Menschen.

SPIEL ODER ERNST?

Beim Spielen probieren Katzenkinder sich aus, üben ihr Geschick, die Koordination von Sehen und Bewegung. Sie üben viele Verhaltensweisen für das tägliche Leben, jedoch alles ohne Ernstbezug. Sie lernen auch, dass es weh tut, wenn sie zu ruppig sind und eine entsprechende Reaktion des Katzenkumpels abbekommen. Vergessen Sie nicht, dass ein Spiel auch kippen kann, wenn eine Katze zu grob wird. Dann wird es für mindestens eine Katze unangenehm und sie wird sich ernsthaft zur Wehr setzen.

Greifen Sie ein, unterbrechen Sie das Gerangel freundlich und sorgen Sie für Entspannung zwischen den Beteiligten. Wenn die Katzen etwas entspannter auseinandergehen, behalten sie die Begegnung als nicht so schlimm in Erinnerung und haben beim nächsten Spiel eine entspanntere Erwartungshaltung. Wie Sie freundlich in solche Konflikte eingreifen, lesen Sie ab Seite 134.

Eine Spielpause muss auch mal sein …

SINNVOLLE SPIELZEUGE

Achten Sie bei der Auswahl von Spielzeug auf die Qualität und Verarbeitung. Lassen Sie Ihre Katzen im Zweifel nicht unbeaufsichtigt spielen und räumen Sie weg, was gefährlich werden könnte, z.B. sehr kleines Spielzeug oder alles mit Schnüren und Bändern. Einige Katzen neigen dazu, Plastik, Schmusekissen oder andere unverdauliche Dinge anzunagen und zu verschlucken. Alles, was kabelähnlich ist, übt leider oft eine große Faszination auf Katzen aus: Kopfhörer- und Ladegerätekabel, aber auch Schnüre an Rucksäcken, Schlafsäcken, Jacken etc.

Das Spielzeug sollte so beschaffen sein, dass es weder verschluckt werden noch dass Ihre Katze sich beim Daraufherumkauen daran verletzen kann. Sie sollte auch nicht mit den Krallen hängen bleiben.

Zu großes Spielzeug ist ungeeignet. So wirkt ein Stofffußball eher bedrohlich als einladend auf ein Katzenkind, denn er ist viel zu groß, um als potenzielle Beute durchzugehen. Ein Spielzeug in Mausgröße dagegen ist ideal.

Es gibt auf dem Markt eine schier unüberschaubare Anzahl von Angeboten. Vermeiden sollten Sie eingefärbtes oder allzu billiges Plastikspielzeug. Bei beidem kann Ihre Katze Substanzen aufnehmen, die gesundheitsschädlich sind. Schön hingegen sind Spielzeuge aus Filz, naturbelassenen Federn, Pappe etc. Auch hier gilt wieder: Finden Sie heraus, was Ihnen und Ihrer Katze Spaß macht.

Was ist denn das? Neues Spielzeug wird neugierig untersucht, bevor damit gespielt wird.

BALDRIAN UND KATZENMINZE

Viele Katzen mögen auch Spielzeug, das mit Baldrian oder Katzenminze gefüllt ist. Beides löst bei Katzen eine Art „Rausch" aus, sie sabbern die Spielis durch, wälzen sich darauf und geraten regelrecht in Ekstase. Solches Spielzeug sollten Sie nach Gebrauch immer auf Unversehrtheit kontrollieren und wegräumen. Zum einen ist es oft mit Styroporkügelchen oder anderem Füllmaterial gefüllt, das verschluckt werden könnte. Zm anderen verfliegt der Geruch schneller, wenn es (nach dem Trocknen) nicht in einer verschlossenen Tüte oder Dose aufbewahrt wird, und wird damit weniger interessant. Ein Stinkekissen, das nicht mehr sehr intensiv riecht, lässt sich durch Reiben auffrischen.

STREITTHEMA LASERPOINTER

In jedem Fall sollten Sie Laserpointer-Spielzeuge vermeiden, auch wenn sie bei Mensch und Katze sehr beliebt sind. Zum einen ist es gefährlich, wenn Sie Ihrer Katze damit versehentlich in die Augen leuchten, zum anderen ist es extrem unbefriedigend für Ihre Katze und kann zu großem Frust führen, dem Lichtpunkt hinterherzujagen, denn wenn sie ihn gefangen hat, hat sie nichts in den Pfoten, die Jagd war erfolglos.
Den gleichen Spaß macht eine Reitgerte, an der ein kurzer Schnürsenkel befestigt ist. Sie ist ungefährlich, kann gefangen und festgehalten werden und verschafft Ihrer Katze ein Erfolgserlebnis bei der wilden Jagd, denn sie hat etwas Reales zwischen den Pfoten, das sie packen kann.

Auch einfache Papierkringel sind tolle Spielzeuge.

Voller Körpereinsatz beim Objektspiel.

Duftkissen gibt es in den verschiedenen Formen und Farben. Sehr beliebt sind Rollen, die so groß und stabil sind, dass die Katze sie am einen Ende bequem festhalten und reinbeißen kann, während sie am anderen Ende mit den Hinterpfoten kräftig dagegen tritt.

FUMMELSPIELZEUG

Viele Katzen finden es toll, sich einen Teil ihres Futters zu erarbeiten. Sie haben dabei viele kleine Erfolgserlebnisse und können sich eine Weile selbst beschäftigen. Und Futter, das die Katze selbst erarbeitet hat, schmeckt gleich nochml so gut und hebt die Stimmung. Fummelspielzeug oder auch Intelligenzspielzeug kann man inzwischen auch im Fachhandel kaufen. Es gibt Spielzeuge zum Drehen, Schieben oder Ziehen, aus Plastik oder aus Holz.Die Schwierigkeitsstufen reichen von sehr einfach bis sehr knifflig. Es lohnt sich auch, einen Blick ins Hunderegal zu werfen, dort ist die Auswahl meist noch größer. Leider reagieren auch hier manche Katzen mit feliner Kinnakne auf das Plastik. Es besteht jedoch die Möglichkeit, auf Holzspielzeug oder selbstgebastelte Fummelbretter aus Pappe oder Holz auszuweichen.

TRANSPORTBOX

Ein weiterer Gegenstand, der in keinem Katzenhaushalt fehlen darf, ist eine Transportbox. Jede Katze sollte ihre eigene Box bekommen, denn das Transportieren von mehreren Katzen in einer Box ist ungünstig. Während der Fahrt kann es zu Schreckmomenten und Missverständnissen zwischen den Katzen kommen. Natürlich ist so eine Box wenig artgerecht für ein so freiheitsliebendes Tier, aber manchmal besteht die Notwendigkeit eines Tierarztbesuches oder Umzugs. Sie können jedoch durch die Auswahl und das Handling dafür sorgen, dass das Transporterlebnis etwas angenehmer für Ihre Katze wird. In der Box ist Ihre Katze auf der Fahrt gut und sicher aufgehoben, selbst wenn es zu einem Unfall kommen sollte. Sie kann auch nicht entkommen, wenn die Autotür geöffnet wird.

 Checkliste

HABEN SIE AN ALLES GEDACHT?

☐ Katzenklos (mindestens die Anzahl der Katzen plus eine weitere)
☐ Futternäpfe (zwei pro Katze)
☐ Wassernäpfe (mehrere) / Trinkbrunnen
☐ gemütliche, sichere Schlafplätze (mehrere)
☐ solider Kratzbaum mit langem Kratzstamm
☐ weitere Kratzgelegenheiten, vertikal und horizontal
☐ Spielzeuge
☐ Transportbox (eine pro Katze)

Katzen können spielerisch lernen, in die Box zu gehen.

AUSWAHLKRITERIEN

Ihre Katzentransportbox sollte folgende Eigenschaften erfüllen:
— Stabile Bauart, möglichst aus Hartplastik (Weidenkörbe eignen sich gut als Schlafhöhlen, aber nicht als Transportbox).
— Sie sollte sowohl von vorne als auch von oben zu öffnen sein, am besten horizontal teilbar, sodass das komplette Oberteil mit wenigen Handgriffen leise abgenommen werden kann. Achten Sie darauf, dass die Verschlüsse leichtgängig sind, Erschütterungen der Box, während Ihre Katze darin sitzt, ängstigen sie unnötig.
— Sie muss sicher verschließbar sein, auch für kleine Ausbruchskünstler.
— Sie sollte leicht zu reinigen sein. Einigen Katzen wird beim Autofahren schlecht und sie übergeben sich.
— Die Box sollte groß und stabil genug sein, damit sich Ihre später ausgewachsene und schwere Katze darin bequem hinlegen und umdrehen kann, aber auch nicht so groß, dass das Tier darin keinen Halt findet und hin und her geworfen wird.

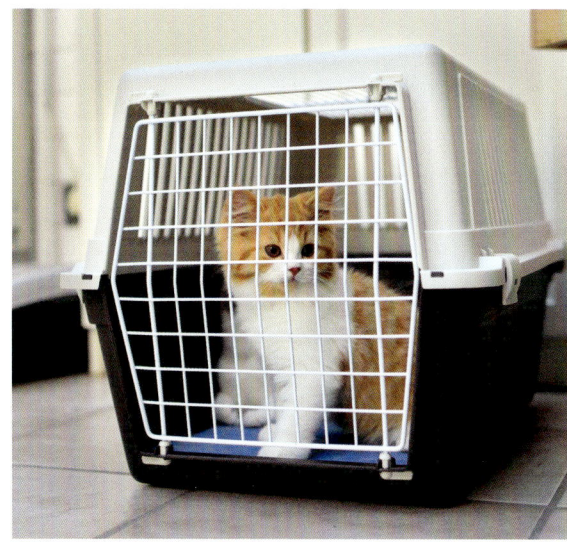

Jede Katze benötigt ihre eigene Transportbox.

— Wenn es im Deckel eine Klappe gibt, durch die die Katze hineingesetzt werden kann, ist das von Vorteil. Von oben lässt sich eine Katze besser hineinsetzen als von vorne. Natürlich ist es wünschenswert, dass Ihre Kätzchen lernen, freiwillig hineinzugehen. Jedoch ist das beste Training sinnlos, wenn eine Notsituation eintritt, bevor das Training greift, und Sie keine andere Wahl haben, als die Kätzchen schnell in die Boxen zu bekommen.

TRANSPORTBOX-HANDLING

Jede Ihrer Katzen sollte eine eigene Box bekommen. So vermeiden Sie es, dass die Mitkatze mit der unangenehmen Erfahrung des Eingesperrtseins in Verbindung gebracht wird oder sich das gute Verhältnis durch ein Missverständnis oder einen Schreck während des Transports langfristig verschlechtert. Sollte Ihre Katze im Korb unruhig sein, tragen Sie ihn lieber nicht am Griff, sondern sicher mit beiden Armen vor dem Oberkörper. Leider entkommen aus heruntergefallenen Boxen immer wieder Katzen, die dann in Panik weglaufen und nicht mehr von allein den Rückweg finden.

Manchen Katzen hilft es, wenn Sie die Box mit einem Handtuch oder einer Decke abdecken, sodass die Sicht nach außen versperrt wird. Achten Sie darauf, dass die Box trotz der Abdeckung ausreichend belüftet ist. Legen Sie ein vertrautes, waschbares Kissen oder eine Decke in die Box, am besten auf einer rutschfesten Unterlage. So wird es etwas gemütlicher. Wenn Sie wissen, dass Ihre Katze sich womöglich übergibt oder in die Box pieselt, können Sie eine Einmal-Wickelunterlage aus dem Drogeriemarkt auf das Kissen legen. Diese Unterlagen sind von oben weich und saugfähig, und von unten wasserdicht, sodass das Kissen geschützt ist. Die Unterlage ist schnell gewechselt.

Denken Sie an eine weitere Unterlage für den Rückweg. Halten Sie die Box so ruhig wie möglich, denn den Boden unter den Füßen zu verlieren ist für eine Katze nicht angenehm. Einigen besonders sensiblen Katzen wird allein vom Getragenwerden schlecht, wenn es zu sehr schwankt.

Willkommen im Leben
— Auswahl und Eingewöhnung

Kätzchen lernen im Spiel mit den Geschwistern verschiedene Verhaltensweisen, unter anderem ...

Charakterkatzen –
Welche Katze passt zu mir?

Katzen sind Individuen – und nicht jede Katze passt zu jeder anderen, nur weil sie Fell und vier Pfoten hat. Daher sollten Sie sich im Vorfeld eingehend Gedanken machen, welche Katze am besten zu Ihrer Lebenssituation passt.

Katzen können alles andere als stille, selbstständige Hausgenossen sein, die kaum Familienanschluss benötigen. Im Gegenteil. Sie sind höchst sozial und brauchen Liebe, Verständnis und Zeit von ihren Menschen. Wenn sie zu wenig davon bekommen, vereinsamen und verkümmern sie und fristen ein trauriges Dasein. Niemand, auch keine Katze, sollte so leben müssen oder „einfach nur nebenherlaufen". Unsere Tiere sind empathische Wesen, die sich auf uns einlassen und Bindungen mit uns und untereinander eingehen. Sie sind

nicht nur dazu in der Lage, sie tun es auch sehr gern! Fragen Sie sich also bitte ganz ehrlich: Soll meine zukünftige Katze ein Familienmitglied sein oder möchte ich lieber eine Art Plüschtier, das hübsch anzusehen ist, aber keine Arbeit macht? In letzterem Fall tun Sie sich und der Katze bitte den Gefallen und holen Sie sie erst gar nicht zu sich. In meiner Arbeit höre ich so oft diesen oder ähnliche Sätze: „Wenn ich das gewusst hätte ..." Zu diesem Zeitpunkt sind bei Mensch und Katze leider schon viele Erwartungen enttäuscht worden,

... Grenzen auszutesten und auch selbst zu setzen. Gut, wenn man einen Sparingspartner hat.

Träume zerplatzt und das zuerst gute Verhältnis ist oftmals schon mehr oder weniger getrübt, gerade wenn es um Probleme wie Unsauberkeit oder Aggression geht. Viele Menschen unterschätzen die Katzenhaltung, zumal die reine Wohnungshaltung oft als einfach und unproblematisch dargestellt wird. Damit es aber gar nicht so weit kommt, lesen Sie hier, worauf Sie achten können, um ein passendes Kätzchen zu finden.

ALTER

Junge Katzen sind wie ein unbeschriebenes Blatt: Im besten Fall haben sie beim Züchter oder in der Pflegestelle schon viele gute Erfahrungen machen können, halten kleine Frustrationen aus und wissen, wozu das Katzenklo dient. Sie sind offen und neugierig, denn sie haben bisher noch keine schlechten Erfahrungen machen müssen. Mit solchen Kätzchen haben Sie gute Chancen, von Anfang an alles richtig zu machen und zu einem eingespielten Team zu werden.

Allerdings stehen Ihnen auch turbulente Zeiten bevor: Kleine Katzen haben allerlei Blödsinn im Kopf, sie müssen noch lernen, wie man mit Menschen (und ohne die Mama) zusammenlebt, welche Regeln es gibt, was erwünscht, was gefährlich und was verboten ist. Sie fordern viel Aufmerksamkeit und Zeit. Das setzt voraus, dass Sie in der ersten Phase viel Zeit miteinander verbringen können. Je mehr Zeit Sie am Anfang mit Ihren Kätzchen verbringen, desto schneller bauen Sie Vertrauen auf und können Regeln vermitteln. Der Umzug ist für ein Kitten mit dem ersten großen Schock seines Lebens verbunden. Es verliert auf einmal alles, was es kennt: seine Mutter, seine Geschwister, bekannte Menschen, lieb gewonnene Gewohnheiten und alles, was ihm bisher Sicherheit gab. Es sollte nach einem langen Wochenende der Eingewöhnung und Rundumbetreuung bei Ihnen nicht täglich 10 Stunden allein sein müssen. Gestalten Sie den Übergang fließender, kann es sich besser daran gewöhnen, tagsüber länger allein zu bleiben. Mehr dazu lesen Sie ab Seite 70 im Kapitel „Allein lassen".

Hau drauf! –Kater spielen gern körperbetont, was Katzenmädchen nerven kann.

ANDERE TIERE

Wenn in Ihrem Haushalt bereits andere Tiere leben, müssen auch diese mit den neuen Mitbewohnern und dem, was sie so anstellen, gut zurechtkommen. Unsere Tiere suchen sich nicht aus, wen wir ihnen vor die Nase setzen. Darum liegt es in unserer Verantwortung, nicht nur darauf zu achten, dass die neuen Kätzchen zu uns, sondern auch – und das ist fast noch wichtiger – zu den bereits vorhandenen Tieren passen. Eine ältere Katze ist sicher nicht angetan von einem kleinen Kater, der ihren liebgewonnenen, ruhigen Alltag durcheinander wirbelt und sie mit groben Spielaufforderungen nervt. Probleme sind hier vorprogrammiert und enden leider oft mit der Abgabe eines der beteiligten Tiere. Die Bedürfnisse der Ersttiere müssen bei der Auswahl von neuen Haustieren immer beachtet werden.

GESCHLECHT

Die Frage, ob ein Kater oder Katzenmädchen, ob ein gemischtes oder gleichgeschlechtliches Pärchen einziehen soll, spielt eine bedeutende Rolle. Kater haben teilweise andere Vorstellungen davon, wie die Welt funktioniert. Sie sind meist rüpelhafter, alberner und haben

„Ich Tarzan!" Da können die Geschwister nur staunen.

GESCHLECHTERBESTIMMUNG
Dazu betrachten Sie am besten das Hinterteil des Kätzchens: Gleich unter dem Schwanzansatz befindet sich der After, der Abstand zur nächsten Öffnung ist bei Katzen kleiner als bei Katern. Bei Katern sind die Hoden im Normalfall bereits zu erkennen.

Die Erfahrung zeigt, dass sich gleichgeschlechtliche Paare über die Jahre meist besser verstehen als Kater und Katze, die zusammenleben müssen, denn sie teilen mit größerer Wahrscheinlichkeit die gleichen Interessen und Vorlieben.

Diese Unterschiede wirken sich übrigens eher in Bezug auf Artgenossen als auf den Menschen aus. Kater sind nicht automatisch kuscheliger als Katzen oder Katzen ängstlicher als Kater. Der Geschlechterunterschied fällt gegenüber dem Menschen kaum ins Gewicht, kann jedoch unter Katzen einen himmelweiten Unterschied ausmachen.

JUNGS LIEBEN RAUFSPIELE

Ein typisches Beispiel: Katzenjungs finden spielerisches Raufen super, während Katzenmädchen raues, körperbetontes Spielen meist als unangenehm, nervig oder sogar bedrohlich empfinden. Die Kater, die dann nicht so spielen können, wie sie es kennen und gern tun würden, sind oft frustriert und Missverständnisse oder sogar ernste Konflikte sind vorprogrammiert.

Zudem laufen Kater-Katze-Gespanne Gefahr, ungewollten Nachwuchs zu produzieren, wenn z. B. die Rolligkeit der Katze vom Halter nicht wahrgenommen wird. Gleichgeschlechtliche Paare können hingegen in Ruhe erwachsen werden und müssen nicht aus Angst vor Nachwuchs zu früh kastriert werden.

derbere Spielvorlieben. Dagegen sind Katzen meist ernsthafter und bevorzugen eher Verfolgungs- oder Objektspiele, statt wilder Raufspiele.

Natürlich gibt es auch besonders katerhafte Katzendamen oder mädchenhafte Kater. Der Grundstein für den späteren Charakter wird oft schon im Mutterleib gelegt. Es kommt vor, dass ein Katzenmädchen, das nur Brüder hat, schon im Bauch der Mutterkatze mehr Testosteron abbekommt, als ein Mädchen, das in der Gebärmutter zwischen anderen Mädchen liegt. Nach der Geburt lernt es durch den Umgang mit ihren Brüdern von Anfang an ein eher katerhaftes Verhalten.

Rein weiße Katzen mit blauen Augen sind oft taub. Der Tierarzt kann feststellen, ob die Katze hört.

GESUNDHEIT

Gibt es bereits gesundheitliche Einschränkungen bei Ihrem Kätzchen? Ein krankes Kitten sollte im besten Fall in der Pflegestelle oder beim Züchter bleiben, bis es gesund ist, und erst dann umziehen. Ein Umzug ist immer mit Stress verbunden, und ein krankes Kitten braucht seine ganze Kraft, um gesund zu werden. Ein Umzug würde unter Umständen die Genesungszeit verlängern. Achten Sie auch auf ansteckende Krankheiten oder Parasiten, die das neue Kätzchen einschleppen könnte. Sprechen Sie am besten mit dem Tierarzt Ihres Vertrauens, worauf Sie achten müssen, um eine Gefährdung Ihrer Tiere und Familie auszuschließen.

TAUBHEIT

Weiße Katzen, die auch als Erwachsene ihre blauen Augen behalten, sind häufig taub. Es besteht ein Zusammenhang zwischen den Genen, die für die weiße Farbe verantwortlich sind, und denen, die eine Degeneration im Innenohr verursachen, sodass die Katzen nicht richtig oder gar nicht hören können.

Katzen, die „oddeyed" sind, also verschieden farbige Augen haben, sind häufig auf der Seite des blauen Auges taub. Fragen Sie beim Züchter nach: Können die Eltern hören und liegt darüber eine tierärztliche Untersuchung (eine sog. Audiometrie) vor? Eine taube Katze ist nicht weniger wert als eine hörende, jedoch ist es wichtig, über diese Einschränkung Bescheid zu wissen, denn eine taube Katze hat andere Ansprüche an ihre Umgebung und ihren Lebensstil als eine hörende. Vor allen Dingen sollte ein taubes Tier keinen ungesicherten Freigang bekommen (ebenso wie ein blindes), da ihm ein wichtiger Sinn fehlt, der es vor Gefahren warnt.

KATZEN MIT HANDICAPS

Anfangs kann es zu Missverständnissen und Problemen kommen, wenn eine Katze eingeschränkt ist. Kennt die Partnerkatze das vielleicht seltsame Verhalten oder Aussehen der Mitkatze, ist das in der Regel kein Problem. Sind jedoch vorhandene Katzen den Umgang mit einer tauben oder blinden Katze nicht gewöhnt, kann es zu Unstimmigkeiten kommen, da gesendete Signale vielleicht nicht wie gewohnt verstanden und beantwortet werden. Das gilt auch für einige Katzenrassen, z. B. Faltohrkatzen, die keine normale „Ohrensprache" zeigen können, schwanzlose Katzen, denen dieses Kommunikationsmittel fehlt, oder auch Nacktkatzen beziehungsweise Katzen mit besonders langem Fell, die vielleicht geschoren werden und dadurch für andere Katzen seltsam aussehen.

Ich habe einmal eine Perserkatze kennengelernt, die regelmäßig geschoren wurde, mit Ausnahme von Kopf und Schwanz. Der Schwanz sah immer aus, als wären die Haare aufgestellt. Eine sensible Katze, die so etwas noch nie gesehen hat, kann das anfangs durchaus falsch interpretieren. Jedoch hat nicht jede Katze Probleme mit derartigem Aussehen. Viele Katzen lernen schnell, dass die vermeintlichen körpersprachlichen Signale gar nicht so gemeint sind.

LANGHAAR- ODER KURZHAARKATZE

Halblanghaar- und Langhaarkätzchen gehören zu den niedlichsten Kitten, die es gibt, da sie durch das flauschige Fell unglaublich kuschelig aussehen. Dass dieses Fell aber viel – zum Teil tägliche – Pflege benötigt, vergessen oder verdrängen viele Menschen. Als Halterin von zwei Maine Coon-Katzen weiß ich leider, wovon ich rede. Während mein Kater trotz seines Fellvolumens sehr gut mit der Fellpflege zurechtkommt und das tägliche Bürsten für ihn eher Wellness als Fellpflege ist, benötigt meine Katze ihre täglichen Bürstenstriche tatsächlich, denn sonst verfilzt sie innerhalb von wenigen Tagen.

Filzstellen ziepen und tun weh, darunter kann die Haut nicht gepflegt werden, bekommt weniger Luft und bietet dadurch einen guten Nährboden für Pilze und Parasiten. Darum müssen Perser und Co. oftmals regelmäßig geschoren werden. Die Zuchtauswahl durch den Menschen hat zwar das Haar dieser Katzen lang und seidig gemacht, aber leider nicht dafür gesorgt, dass die Tiere ihre Fellmassen allein pflegen können. Die Zunge der Katze ist mit ihren Papillen (kleine Hornspitzen, die wie ein Kamm funktionieren) auf ein kurzes Katzenfell ausgelegt.

Wenn Sie sich also für ein Kätzchen mit viel oder langem Fell entscheiden, planen Sie täglich Zeit für die Fellpflege ein. Zu Beginn sollten Sie sich extra Zeit nehmen, um Ihren Kätzchen die Fellpflege schmackhaft zu machen. Es lohnt sich, Zeit und Geduld ins Bürstentraining zu investieren, denn Fellpflege mit Kamm und Bürste ist für Katzen, die gelernt haben, wie toll sich das anfühlen kann, ein wahrer Genuss, der mitunter vehement eingefordert wird.

Wenn das Kämmen notwendig ist, aber täglich in einen Kampf ausartet, entsteht Stress für alle Beteiligten. Wie es entspannt geht, lesen Sie ab Seite 94 in den Kapiteln „Fellpflege" und „Ans Bürsten gewöhnen".

spielen werden als Angriffe gewertet und entsprechend beantwortet. Besser ist es, wenn beide Katzen ein ähnliches Aktivitätslevel haben. So können sie gemeinsam auf dem Kratzbaum liegen und beobachten oder an diesem hoch und runter toben, gemeinsam Unsinn machen und die Welt erobern.

SPIELARTEN

Es gibt zwei typische Arten von Sozialspiel unter befreundeten Katzen: Verfolgungsspiele und körperbetonte Raufspiele, wobei beide Spiele auch ineinander übergehen können. Beim „Fangenspielen" verfolgt die eine Katze die andere in wilder Jagd durch die Wohnung, und im nächsten Moment geht es mit vertauschten Rollen wieder zurück. Beim Raufen kann es sehr heftig zur Sache gehen oder zumindest so aussehen. Hier steht der Körpereinsatz im Vordergrund.

Aktive Katzen sind meist für eine freundschaftliche Rauferei zu haben, wogegen ruhigere, schüchterne Katzen dem nichts Schönes abgewinnen können. Sie nehmen diese vielleicht sogar ernst und verteidigen sich mit Zähnen und Krallen.

Setzt man nun zwei so unterschiedliche Katzen zusammen, ist die Gefahr groß, dass die aktivere durch die Zurückweisungen der ruhigeren Katze frustriert und unterfordert ist, sie kann ihre Energie nicht abbauen und wird sich wahrscheinlich ein anderes Ventil suchen. Die weniger aktive Katze wird sich von den rabiaten Spielaufforderungen überfordert oder gar bedroht fühlen und immer heftiger darauf reagieren. Darunter leidet jede noch so gute Katzenfreundschaft.

CHARAKTEREIGEN-SCHAFTEN

Je ähnlicher sich die Katzen sind, desto geringer ist das Konfliktpotenzial – mit einer Ausnahme: Ressourcen, zu denen nicht nur Futter, Liegeplätze und Spielzeug gehören, sondern auch Kuschelstunden und andere soziale Interaktion mit Ihnen. In diesem Punkt sollten die Kätzchen so verschieden wie möglich sein. Zwei Kätzchen, die nicht gern bestimmte Dinge oder Personen teilen, geraten fast zwangsläufig aneinander.

Leider ist diese Charaktereigenschaft gerade bei Katzenkindern noch nicht fest ausgeprägt, die Bereitschaft, zu teilen, kann sich durch gemachte Erfahrungen immer wieder verändern.

AKTIVITÄT UND SPIELVORLIEBEN

Auch unter Katzen gibt es sie, die Faulpelze und die Sportlichen. Einige Katzen verbringen von klein auf ihre Zeit lieber damit, gemütlich auf dem Kratzbaum zu liegen, zu dösen oder zu beobachten, während andere den Kratzbaum eher als Abenteuerspielplatz sehen, der erobert werden muss, und zwar so laut, schnell und wild wie nur möglich. Die Gemütlichen finden solch wilde Aktivitäten meist unzumutbar und ziehen sich entweder zurück oder setzen dem wilden Treiben rasch ein Ende. Zieht sie sich zurück, kann es sein, dass die Katze dauerhaft gestresst reagiert und sich immer weiter verkriecht. Reagiert sie zu harsch, kann das auf beiden Seiten zu Missverständnissen und Unmut führen: Wilde Aufforderungen zu Raufereien oder Jagd-

FAZIT

Die besten Erfahrungen wurden mit gleichzeitig übernommenen, gleichgeschlechtlichen Wurfgeschwistern gemacht, die bisher in einem harmonischen Katzenhaushalt ohne allzu große Spannungen und Auseinander-

01

02

03

setzungen gelebt haben. Geschwisterkatzen kennen die Mitkatze sehr gut, sie können sich gegenseitig über den Verlust von Mutter, Geschwistern und bisherigem Zuhause hinwegtrösten. Sie haben im Idealfall andere, ältere Katzen als nett und freundlich kennengelernt und noch keine schlechten Erfahrungen mit anderen Katzen gemacht. Dadurch sind sie offen für bereits vorhandene oder später hinzukommende Mitkatzen. Bei derartigen Paaren lässt sich auch im Erwachsenenalter viel häufiger gemeinsames Kuscheln, so genanntes Kontaktliegen, beobachten. Auch bei Geschwistern sollten zwei mit ähnlichem Temperament ausgewählt werden.

Es müssen jedoch nicht zwangsweise Geschwister sein. Auch ungefähr gleichaltrige, bekannte Katzen, die gemeinsam aufgewachsen sind oder sich zumindest schon eine Weile kennen und beim Züchter oder in der Pflegestelle eine Weile zusammen gelebt haben, harmonieren in der Regel gut miteinander. Nehmen Sie sich beim Besuch Zeit, die Katzen bei der Interaktion miteinander zu beobachten und befragen Sie den Züchter oder die Pflegestelle, welche der Katzen viel Zeit miteinander verbringen. Berücksichtigen Sie die so gewonnenen Informationen auch bei der Auswahl Ihrer zukünftigen Mitbewohner. Je überlegter und vorbereiteter Sie an die Auswahl gehen, desto größer ist die Wahrscheinlichkeit, dass Ihre Katzen auf Dauer miteinander harmonieren, sich gern haben und eine innige Freundschaft pflegen können.

01 Das gemeinsame Spiel von gleichaltrigen Katzen beinhaltet und übt viele Elemente des späteren Lebens.

02 Das Raufen kann dem Energieabbau dienen. Aber auch Konflikte um Ressourcen können so spielerisch ausgetragen werden.

03 Es ist ein Spiel, solange alle Spaß daran haben, selbst wenn die Krallen eingesetzt werden und mit vollem Körpereinsatz getobt wird.

Entwicklungsphasen der Kätzchen

Neugeborene Kätzchen kommen mit geschlossenen Augen, umgeklappten Ohrmuscheln und ausgefahrenen Krallen auf die Welt. Sie können weder sehen noch hören oder ihre Krallen einziehen. Aber sie können bereits riechen, tasten und ein wenig krabbeln.

Ihnen fehlt jedoch noch die Kraft, sich aufzurichten. Die Kleinen können bereits schnurren, bei Gefahr fauchen und fiepen, wenn sie sich unwohl fühlen. Sie finden durch pendelnde Kopfbewegungen die mütterlichen Zitzen und erkennen ihre Lieblingszitze auch geruchlich wieder. Die Kitten tun im Großen und Ganzen vorerst nichts weiter, als schlafen und trinken. Sie konzentrieren sich voll und ganz darauf, zu wachsen, zu reifen und an Gewicht zuzulegen. In der ersten Zeit sind sie sehr auf die Wärme der Mutter und des Nestes angewiesen, denn sie können ihre Körpertemperatur noch nicht allein regulieren.

Eine Katzenmutter kümmert sich in der Regel hingebungsvoll um ihren Nachwuchs.

Katzenkinder kommen mit ausgefahrenen Krallen auf die Welt.

AUGEN UND OHREN ÖFFNEN SICH

Normalerweise öffnen Katzenkinder ihre Augen um den 10. Lebenstag herum. Damit öffnet sich für sie die Tür in eine neue, optische Welt, selbst wenn sie diese anfangs nur verschwommen wahrnehmen können. Zu diesem Zeitpunkt beginnt auch die Sozialisierung. Ihre volle Sehfähigkeit haben Katzenkinder mit ungefähr sieben Wochen. Die ersten Wochen nennt man auch die sensible Phase, sie endet mit der 7. Lebenswoche. In dieser Zeit sollten die Kitten zwar so viel wie möglich erleben und lernen können, jedoch sollten das im besten Fall positive Erfahrungen sein. Das stellt die Weichen für ein späteres unkompliziertes Zusammenleben. Mit ungefähr 5–14 Tagen sind die Kleinen in der Lage, zu hören. Allerdings muss das Gehirn erst lernen, die neuen Reize zu verarbeiten und angemessen zu bewerten. Erst ab dem Ende der 2. Woche können sie gezielt auf Geräusche reagieren. Ab einem Alter von ungefähr 4 Wochen ist das Gehör voll ausgebildet.

SOZIALISIERUNG – GUTE ERFAHRUNGEN SCHAFFEN SICHERHEIT UND VERTRAUEN!

Kitten lernen, sobald sich ihre Augen öffnen, die wichtigsten Dinge für ihr späteres Leben: Wer Freund und wer Feind ist, was sich als Futter eignet und wie man sich wem gegenüber verhalten sollte. Dazu gehören Artgenossen genauso wie andere Lebewesen inklusive des Menschen. In dieser sogenannten sensiblen Phase lernen die Kleinen besonders schnell und merken sich das Gelernte besonders gut.

Das Gehirn wächst in dieser Zeit so rasant wie nie wieder im Leben des Kätzchens. Nervenverbindungen werden gebildet und verstärken sich, oder verschwinden wieder, wenn sie nicht genutzt werden. Die Gehirnentwicklung wird sehr stark von Umweltreizen beeinflusst, denen die Kitten in den ersten Wochen ausgesetzt sind. Die Entwicklung, die zu dieser Zeit durch eine reizarme Umgebung verpasst wird, kann später nur teilweise nachgeholt werden. Im Spiel mit den Geschwistern lernen sie die Verhaltensweisen, die sie für ihr späteres Leben brauchen: sowohl Jagd- und Aggressionsverhalten, als auch den höflichen Umgang mit anderen Katzen.

01

ERSTE AUSFLÜGE

Sobald die Kleinen genug Kraft haben, um sich hochzustemmen und auch zu halten, unternehmen sie erste Spielversuche mit den Geschwistern, sie lauern, schleichen sich an, verteilen Tatzenhiebe, erste Beißversuche sind auch schon dabei. Jeden Tag werden sie geschickter, sicherer, neugieriger und mutiger. Sie unternehmen erste kurze Ausflüge, um die Umgebung des Nestes zu erkunden.

Gegen Ende des ersten Lebensmonats benötigen die Jungen die erste zusätzliche feste Nahrung. Wenn die kleinen Milchzähne vollständig durchgebrochen sind, können die Kitten der Mutter beim Saugen wehtun. Sie wehrt sie immer häufiger und entschlossener ab. Die Jungen hängen aber nicht nur wegen der Milch an den Zitzen, sondern auch aus einem Bedürfnis der Geborgenheit heraus. Unter anderem auch aus diesem Grund sollten Katzenkinder nicht unbedacht und zu früh von der Mutter und den Wurfgeschwistern getrennt werden, frühestens mit 12 Wochen, besser noch mit 14–16 Wochen sind sie bereit für den Umzug ins neue Zuhause.

LERNEN FÜRS LEBEN

Der Umgang mit den Geschwistern und der Mutter beeinflusst das spätere Verhalten sehr stark. Für eine gute geistige und körperliche Entwicklung zu einer umgänglichen und unkomplizierten Katze ist es sehr wichtig, in der frühen Kindheit so viele Erfahrungen mit der Mutter und den Geschwistern machen zu können, wie möglich.

So lernen die Kleinen schon ab den ersten Tagen nach der Geburt, dass es nicht so schlimm

02

ist, wenn Geschwisterchen sie von einer Zitze verdrängen oder ihnen auch mal auf den Kopf steigen. Diese auch später noch im Umgang mit der Mutter und den Geschwistern zu erlernende emotionale und körperliche Selbstkontrolle, Beißhemmung und Frustrationstoleranz sind mit die wichtigsten Eigenschaften, die die Kätzchen lernen müssen. Eine Katze, die das nicht lernt, die schnell frustriert ist und sich schlecht beherrschen kann, wird in späteren Zeiten mit großer Wahrscheinlichkeit im engen Zusammenleben mit Artgenossen und auch mit Menschen problematisches Verhalten zeigen.

In dieser Zeit ist eine ausreichende Versorgung mit Nährstoffen ausgesprochen wichtig. Kitten von unterernährten Müttern haben oft Defizite in der Gehirnentwicklung. Sie zeigen häufig Verhaltensauffälligkeiten, sie können z. B. eingeschränkt in ihrer Lernfähigkeit oder weniger sozial sein. Sie können auch unsicherer sein, was mit einer erhöhten Aggressionsbereitschaft einhergehen kann. Sowohl Wachstumsdefizite als auch Verhaltensauffälligkeiten erkennt man meist erst nach 4–5 Monaten. Darum ist es so wichtig, die Umstände zu kennen, aus denen Sie Ihre Kitten übernehmen.

Mit der Zeit ändert sich auch das Spielverhalten der Kätzchen: Das soziale Spiel mit den Geschwistern nimmt ab und wird immer mehr durch Objekt- und Beutefangspiele abgelöst.

NACH DEM UMZUG

Katzen kommen im Alter von 6 bis 8 Monaten in den Zahnwechsel, die Kater später als die Kätzinnen. Auch hier gibt es Früh- und Spätentwickler.

In der Natur ist die Zeit des Zahnwechsels kritisch. Die jungen Katzen können eine Weile nicht fest zubeißen und ihre Beute töten, insbesondere beim Wechsel der Eckzähne. In dieser Zeit haben Kätzchen oft wenig Appetit, weil sie Zahnschmerzen haben und das Fressen von fester Nahrung ihnen wehtut. Fertig körperlich entwickelt sind Katzen mit einem und Kater mit zwei Jahren, große Rassen brauchen noch länger. Sozial erwachsen und geistig gereift sind Katzen in der Regel mit zwei bis vier Jahren.

03

04

01 Das Kätzchen erkundet mutig, aber noch
    skeptisch, seine Umgebung.

02 Gemeinsam sind wir stark: Ein Kätzchen
    erobert das Regal, das andere zieht mit.

03 Die Schüchternen beobachten das Geschehen ...

04 ... bevor sie sich anschleichen.

Wo bekommt man Kätzchen?

Es gibt unzählige Möglichkeiten, um ein Kätzchen zu finden. Manchmal ist die Herkunft unklar, wenn es aus dem Tierschutz stammt und manchmal ist sie gut bekannt, per Stammbaum dokumentiert, bis zur vierten Generation oder weiter zurück.

Kein Kätzchen ist besser oder schlechter als das andere, nur weil es vom Züchter, vom Bauernhof oder aus dem Tierschutz kommt! Dennoch sollten Sie wissen, wie eine gut sozialisierte Katze im Idealfall aufwächst, welche Voraussetzungen sie mitbringt und welche nicht. So können Sie Ihr Katzenkind von Anfang an optimal fördern und versuchen, Defizite in der Sozialisation auszugleichen.

KÄTZCHEN VOM ZÜCHTER

Rassekatzen werden erst seit ca. 100 bis 150 Jahren gezüchtet. Die erste öffentliche Ausstellung fand 1871 statt, der erste Zuchtverein, der Stammbäume erfasste und katalogisierte, der National Cat Club (NCC), wurde 1887 in England gegründet. Der Mensch züchtet also erst seit verhältnismäßig kurzer Zeit Rassemerkmale heraus. Dabei achtet er, anders als in der Hundezucht, nicht vornehmlich darauf, besonders gute Mäusefänger oder besonders menschenfreundliche Katzen zu züchten. Die Zuchtauswahl geht viel mehr in Richtung körperliche Merkmale wie Felllänge, Größe von einzelnen Körper-

teilen wie Ohren, Gesamtgröße oder auch Farben. Inzwischen achten aber immer mehr verantwortungsvolle Züchter darauf, ihre Zuchttiere nicht nur nach äußerlichen Eigen-

Der Züchter kennt die Kleinen von Geburt an.

schaften auszuwählen. Sie beziehen auch positive Charaktereigenschaften und gesundheitliche Aspekte mit ein. Sollten Sie sich für Kätzchen vom Züchter entscheiden, achten Sie darauf, dass der Züchter Mitglied in einem anerkannten Zuchtverband ist und dass die Kitten nur mit Stammbaum, Impfausweis und Kaufvertrag abgegeben werden. Ein guter Züchter wird Ihnen viele Fragen stellen, um herauszufinden, ob seine Kätzchen ein gutes Leben bei Ihnen haben werden. Meist bringt er die Kitten in das neue Zuhause, denn er möchte sichergehen, dass er die Kleinen in gute Hände übergibt. Er kennt sich mit den rassetypischen Erbkrankheiten aus und kann für die Elterntiere entsprechende Nachweise vorlegen. Er wird Sie gern über alles Wesentliche rund um Haltung, Gesundheit und Verhalten informieren. Er wird es gern sehen, wenn Sie viele Fragen stellen, kritisch sind und die Kitten vor der Abgabe mehrmals besuchen, sodass Sie sich schon einmal kennen-

lernen können. Er wird Ihnen ein Startpaket für die Kätzchen mitgeben, u. a. mit einer Decke oder einem Bettchen, dem der vertraute Geruch des alten Zuhauses anhaftet, und dem gewohnten Futter für die erste Zeit. Er wird für Sie da sein, wenn sich im Alltag Fragen ergeben und Sie unsicher sind. Er wird seine Kitten auch gut sozialisieren, sie werden mit den wichtigsten Alltagsgeräuschen, verschiedenen Futtersorten, vielen unterschiedlichen Menschen und, wenn möglich, auch anderen Tieren bekannt gemacht.

All das kostet viel Zeit, Geld und Herzblut. Ein Kitten aus einer verantwortungsvollen Zucht, bei der auf Gesundheit, positive Entwicklung und Sozialisation geachtet wird, und nicht auf Profit, kostet natürlich auch mehr, als ein Kitten von einem Vermehrer, dem es nicht um das Wohl der Kitten geht, sondern ums Geld. Rechnen Sie mit 500 bis 1 000 Euro für ein Kitten, je nachdem, welche Rasse Sie sich ausgesucht haben.

Er erlebt ihre Entwicklung und kann positiven Einfluss auf ihre Sozialisierung nehmen.

INDOORKATZEN

Tendenziell sind Rassekatzen besser für die reine Wohnungshaltung geeignet als Katzen mit unbekannter Herkunft oder vom Bauernhof. Rassekatzen leben seit Generationen eng mit dem Menschen zusammen, sie verlassen die Wohnung nur selten und haben, wenn überhaupt, nur eingeschränkten Freigang zur Verfügung. Sie müssen nicht mehr selbst für ihre Verpflegung sorgen. Rassekatzenmütter haben in der Regel weniger Stress als frei lebende Mütter, da sie sich nicht um ihr Futter kümmern müssen und in relativer Sicherheit vor vielen Gefahren leben. Sie haben von ihrer eigenen Mutter gelernt, wie man sich in menschlicher Obhut verhält und viele positive Erfahrungen mit Menschen gemacht. Sie sind meist menschenbezogener, zutraulicher und duldsamer. Nachkommen von solchen Katzen sind weit besser für die Haltung in der

Wohnung geeignet, als eine wild geborene Bauernhofkatze, die die Freiheit von klein auf kennt und noch nie eingesperrt war. So eine Katze in reine Wohnungshaltung zu nehmen, bringt mit großer Wahrscheinlichkeit Probleme mit sich. Ausnahmen bestätigen jedoch die Regel, es kommt immer auf den Charakter der einzelnen Katze an!

TIERSCHUTZKÄTZCHEN

Bei jungen Kätzchen aus dem Tierschutz handelt es sich oft um Katzenkinder, die eine sonst frei lebende Katzenmutter in der Obhut einer Pflegestelle oder eines Tierheims zur Welt bringt. Damit die Kleinen nicht nach kurzer Zeit selbst Nachwuchs produzieren, werden die Mütter rechtzeitig eingefangen und können ihren Nachwuchs in der Obhut

Rassekatzen kennen oft nur das Indoorleben und vermissen bei liebevoller und abwechslungsreicher Haltung nichts.

Entspannte, menschenbezogene Mütter geben diese Eigenschaften an ihre Kleinen weiter.

von Menschen zur Welt bringen und aufziehen, bis dieser alt genug ist, um vermittelt zu werden. Erkundigen Sie sich bei örtlichen Tierschutzvereinen oder im Tierheim nach passendem Katzennachwuchs. Es gibt sogar Tierschutzvereine, die sich einzig der Hilfe für Katzen oder gar einzelnen Rassen verschrieben haben.

FINDELKINDER

Manchmal werden Katzenbabys ausgesetzt oder entsorgt, von aufmerksamen Menschen gefunden und in die Obhut eines Tierschutzvereins gebracht. Diese Kitten hatten keinen guten Start ins Leben. Ihnen fehlt alles Wichtige: die Muttermilch, die mütterliche Wärme, Fürsorge und Erziehung sowie die Auseinandersetzung mit den Geschwistern. Handaufgezogene Kitten sind eine besondere Herausforderung und benötigen mehr Aufmerksamkeit während der Aufzucht. Die

Katzenmutter fehlt und kann ihre typischen Aufgaben nicht übernehmen. Hier ist viel Fachwissen gefragt, um die Kleinen auf ein Leben mit anderen Katzen und Menschen vorzubereiten. Handaufzuchten sind kein Ausschlusskriterium für Ihren zukünftigen Mitbewohner, auch sie können zu tollen Familienmitgliedern heranwachsen, genauso wie sich eine Katze aus einer mustergültigen Aufzucht, in der auf alles Wichtige geachtet wurde, zu einem Problemfall entwickeln kann. Eine Katze ist mehr als die Summe ihrer Teile, jedes kleine Wesen ist einzigartig, es gibt unzählige Einflussfaktoren auf die Entwicklung. Handaufzucht oder Aufzucht durch die Katzenmutter ist nur ein Puzzleteil, wenn auch ein wichtiges.

Sogar Rassekatzenkinder gibt es im Tierschutz, zum Beispiel aus einer Zuchtauflösung. Lesen Sie mehr im Interview mit Petra Büttner vom Verein Maine Coon Hilfe e.V.

Rassekatzen aus dem Tierschutz

— Ein Interview mit Petra Büttner

Informationen von Katzenschützerin Petra Büttner, 1. Vorsitzende des Vereins Maine Coon Hilfe e. V., einem Tierschutzverein, der sich um Maine Coons und deren Mixe in Not kümmert.

Auch beim Tierschutz kann man Rassekätzchen finden.

Kümmert sich die Maine Coon Hilfe wirklich nur um Coonies?

Ja und nein. In der Regel kümmern wir uns wirklich nur um Maine Coons, haben aber immer wieder auch andere Rassen in Pflegestellen und zur Vermittlung. Oft sind das Pärchen aus Maine Coon plus einer anderen Rasse. Bei diversen Zuchtauflösungen haben wir außer Coonies und anderen Katzenrassen auch schon Hunde, Echsen und andere Kleintiere übernommen und vermittelt.

Woher stammen die Kitten, die über die Maine Coon Hilfe vermittelt werden?

Die Kitten, die wir vermitteln, kommen auf verschiedenen Wegen in unsere privaten Pflegestellen. Zum einen gibt es da die Jungtiere, die wir meist mit einer großen Anzahl an Katzen aus einer Zuchtauflösung übernehmen. Dann kommen auch trächtige Katzen in unsere Pflegestellen, die dann bei uns in aller

In den Pflegestellen haben sie kätzische ...   *... und menschliche Spielpartner.*

Ruhe ihre Babys zur Welt bringen und groß-
ziehen können. Die Babys bleiben mindestens
12 bis 14 Wochen bei der Mutter, weil gerade
in dieser Zeit ganz viel Erziehung stattfindet.

Wie wachsen die Kleinen auf?

Die meisten Pflegestellen haben spezielle
Katzenzimmer, um die Ansteckungsgefahr
für die eigenen Tiere so gering wie möglich zu
halten. Nach einer gewissen Quarantäne- und
Eingewöhnungszeit leben die Pflegekatzen
jedoch mit in der Familie. So ist es auch mit
den Babys. Natürlich haben die Mütter in den
ersten Wochen Ruhe vor jedem Trubel. Aber
wenn die Kleinen alt genug sind und der Ent-
deckerdrang durchbricht, dürfen auch sie in
der Familie mitlaufen. So lernen sie die normalen Alltagsgeräusche kennen sowie Kinder,
Hunde und andere Haustiere, Nachbarn und
Besuch. Wir achten von Anfang an darauf,
dass die Kleinen hochwertiges Futter bekommen und auch Fleisch als Nahrungsmittel
kennen- und schätzen lernen. Alle Kitten
werden regelmäßig entwurmt, grundimmu-
nisiert, mit einem Transponder versehen und
im Alter von ca. 14 Wochen kastriert.

Wie läuft die Vermittlung ab?

Wenn die Kleinen ca. 8 bis 9 Wochen alt
sind, werden sie auf unserer Homepage vorgestellt, meist mit jeder Menge Fotos. Interessenten melden sich dann bei der Pflegestelle
und finden mit deren Hilfe die passende
Jungkatze. Nicht alle Katzen aus einem Wurf
sind gleich – es gibt Aktive und Schüchterne,
Draufgänger und Sensibelchen, Kratzbürsten
und Schmusebacken. Nicht jedes Jungtier
passt in jeden Haushalt oder zu den bereits
vorhandenen Katzen. Am liebsten vermitteln
wir unsere Katzenkinder paarweise, dann
wird es den Kleinen nicht langweilig und die
„Alten" haben ihre Ruhe.
Grundsätzlich bestehen wir darauf, dass die
Interessenten die Wunschkatze in der Pflegestelle besuchen, immerhin muss die Chemie
zwischen Mensch und Katze stimmen. Außerdem findet vor jeder Vermittlung ein
Hausbesuch bei den Interessenten statt, bei
dem die Gegebenheiten vor Ort unter die
Lupe genommen werden. Gibt es dann „grünes
Licht", können die Kleinen umziehen und ihr
neues Leben entdecken.

Bauernhofkatzen lernen ihre Umgebung von Klein an ganz genau kennen.

KÄTZCHEN VOM BAUERNHOF

Hier müssen wir zwischen Kätzchen mit und ohne Menschenkontakt unterscheiden. Es gibt Kätzchen, die von ihrer Mutter in einer abgelegenen Scheune zur Welt gebracht werden. Schon das Muttertier ist sehr scheu und meidet den Kontakt zu Menschen. Es wird dafür sorgen, dass Menschen ihrem Nachwuchs nicht zu nahe kommen. Die Kleinen haben in den ersten Wochen durch ihren Aufenthalt in dieser Umgebung ein an dieses Leben angepasstes Gefahren-Bewertungssystem erlernt, das es ihnen gestattet, sich dort perfekt zurechtzufinden. Sie kennen andere Hoftiere, wissen, was gefährlich ist und sind an typische Geräusche gewöhnt. Sie streunen frei herum, die Mutter bringt ihnen Beute und sie lernen von ihr, wie man Mäuse fängt. Diese Kätzchen tun sich in einer Stadtwohnung schwer, oft sind Probleme vorprogram-

miert, wie z. B. Angststörungen. Die Kitten sind meist damit überfordert, mit Menschen auf engstem Raum, mit Stadt- und Haushaltslärm, zusammenzuleben. Sie haben nie gelernt, dass Menschen freundliche Sozialpartner sein können. Sind die ersten Lebenswochen vorüber, ist es sehr schwer und manchmal unmöglich, aus solchen Katzen menschenfreundliche, vertrauensvolle, unkomplizierte Indoorkatzen zu machen.

Hingegen gibt es Kätzchen, die auch auf Bauern- oder Pferdehöfen groß werden. Meistens sind die Muttertiere zutraulich und suchen die Nähe zum Menschen. Sie werden zugefüttert und sehen keine Notwendigkeit, ihren Nachwuchs zu verstecken. Die Kitten werden bald auf den Arm genommen, gestreichelt und es wird mit ihnen gespielt. Sie lernen von klein auf, dass Menschen Freunde sind. Zwar sind auch diese Katzen freiheitsliebend, allerdings können sie sich leichter in das Umfeld des Menschen einfügen.

TIERE AUS KLEINANZEIGEN

Hierzu gibt es nicht viel zu sagen, außer: Bitte nicht! Natürlich inserieren auch seriöse Züchter und Tierschutzvereine auf Kleinanzeigen-portalen und nutzen diese gut besuchten Seiten zur Kontaktaufnahme zu potenziellen „Zuhause-auf-Lebenszeit-Interessenten" – diese Anzeigen meine ich nicht. Ich meine unseriöse „Züchter", die Tiere aus unklaren Verhältnissen viel zu günstig und viel zu früh abzugeben haben. Die meisten werden produziert, um Geld zu verdienen. Doch Tiere sind keine Ware! Tiere sind Lebewesen und sollten mit Respekt und Liebe behandelt und nicht via Kleinanzeige verschachert werden.

Sie können sehr menschenbezogen sein.

SECONDHAND-KATZEN

Sollten Sie bis hierher gelesen haben und unsicher sein, ob ein quirliger, kleiner Wirbelwind in Ihr derzeitiges Leben passt, gibt es immer die Möglichkeit, eine Katze aufzunehmen, die schon ein Zuhause hatte, dort aber nicht bleiben konnte. Diese Katzen haben eine Chance auf ein neues „Zuhause für immer" verdient. Ältere Katzen sind meist ruhiger und gesetzter, haben weniger Flausen im Kopf und benötigen etwas weniger Aufmerksamkeit als Jungkatzen. Sie kennen viele Dinge bereits und sind oft glücklich über ein warmes, ruhiges Plätzchen.

Trotzdem sind kleine Hoftiger unabhängig...

DAS ABGABEALTER

Wünschenswert sind mehrere Besuche beim Züchter oder auf der Pflegestelle, bevor Sie sich entscheiden, welche Kitten einziehen sollen. Zudem bieten diese Besuche Gelegenheit, sich gegenseitig kennenzulernen.
Kitten sollten mindestens bis zur 12. Woche bei ihrer Mutter und den Geschwistern bleiben, besser noch bis zur 14. bis 16. Woche.

... und genießen ihre Freiheit.

Eine entspannte Katzenmutter ist eine gute Katzenmutter. Sie kümmert sich liebevoll um ihre Babys.

Diese Zeit ist wichtig für ihre Entwicklung und Sozialisierung. Diese Erfahrungen können später nur schwer nachgeholt werden, insbesondere das Erlernen der Impulskontrolle und Frustrationstoleranz. In dieser Phase wird der Grundstein für ein ausgeglichenes, unkompliziertes und verträgliches Katzenkind gelegt. Werden Katzen zu früh von Mutter und Geschwistern getrennt, kommt es nicht selten zu Verhaltensauffälligkeiten, die oft problematisch für den Menschen sind.

IMPULSKONTROLLE UND FRUSTRATIONSTOLERANZ

Katzen, die zu früh von der Mutter und den Geschwistern getrennt und womöglich in Einzelhaltung genommen wurden, hatten keine oder zu wenig Gelegenheit, den Umgang mit der eigenen Art zu lernen. Solche Tiere bleiben oft ein Leben lang allein, denn sie verstehen Mitkatzen nicht gut und sind oft nicht in der Lage, mit diesen friedlich zusammenzuleben. Sie haben kaum gelernt, sich selbst zurückzunehmen, um Konflikte friedlich beizulegen. Die fehlende Selbstbeherrschung oder Impulskontrolle bezieht sich dabei nicht nur auf rabiates Spielen, schnelles Beißen und Kratzen, sondern auch auf die oft fehlende Frustrationstoleranz. Diese Katzen können nicht damit umgehen, wenn etwas nicht so läuft, wie sie es gern möchten. Das hat nichts mit Dominanz oder einer vermeintlichen Rangordnung zu tun, sondern schlicht damit, dass sie diese Art der Selbstkontrolle nicht oder nicht in ausreichendem Maß erlernt haben. Ist die Impulskontrolle in Bezug auf Artgenossen gut, heißt es nicht zwangsläufig, dass sie gegenüber dem Menschen funktioniert und umgekehrt. Impulskontrolle muss für jede Situation, in der sie später gezeigt werden soll, erlernt werden.

MUTTERKATZE

Achten Sie darauf, dass die Mutterkatze eine ruhige, nette, menschenbezogene Katze ist. Wenn sie ein aufgeschlossenes und zutrauliches Wesen hat, wird sie diese Eigenschaften mit großer Sicherheit an ihre Nachkommen weitergeben. Ein eher scheues, vorsichtiges oder ängstliches Muttertier wird ihren Kitten diese Wesenszüge ebenso mit auf den Weg geben. Das ist einer der Gründe, warum Sie die Elterntiere kennenlernen sollten. Bedenken Sie auch, dass Katzen sich in einer Pflegestelle mit vielen anderen Katzen oder in Tierheimen in Gruppenhaltung anders verhalten können, als in Kleingruppen oder Paarhaltung. Wie kommt das? Hier steckt der Teufel leider im Detail. Züchter und Pflegestelle können am ehesten etwas über die Katze sagen, aber auch sie sind Menschen und können sich täuschen. Katzen können unter verschiedenen Haltungsbedingungen, aber in ähnlichen Situationen verschiedene Handlungsstrategien zeigen. Das bedeutet, ein vorher ganz ruhiges und verträgliches Kätzchen wird im neuen Zuhause plötzlich zum kleinen Wirbelwind, das sich die Butter nicht vom Brot nehmen lässt. Gründe gibt es viele, eine mögliche Erklärung wäre, dass im alten Zuhause etwas anwesend war, das das Kätzchen eingeschüchtert hat. Im neuen Zuhause, wo dieses gruselige Etwas fehlt, taut es nun auf. Es gibt leider nie eine 100 %ige Sicherheit, wie sich eine Katze entwickeln wird. Auch Katzen nehmen ihre Artgenossen als Individuen wahr, geliebte Freunde oder gehasste Feinde sind nicht einfach austauschbar.

KEINE MITLEIDSKÄUFE

Hören Sie auf Ihr Bauchgefühl, ob bei Ihrem Besuch in der Katzenfamilie alles in Ordnung ist. Und kaufen Sie keine Katze aus Mitleid. Jede Katze, die Sie von einem Vermehrer kaufen, um dieses eine Leben zu retten, schafft nur Platz für neue Kitten. Es steigert das Leid der Katzenmütter, die als Gebärmaschinen missbraucht werden, der Katzenväter, die oft unter tierschutzwidrigen Bedingungen in Einzelhaltung leben müssen, und das Leid der Kitten, da diese in den seltensten Fällen tierärztlich versorgt werden oder artgemäß aufwachsen können.

Zuletzt steigert es auch Ihr eigenes Leid, denn viele Kätzchen aus zwielichtigen Quellen kommen krank zum neuen Halter, verursachen in den ersten Wochen Unsummen an Tierarztkosten und überleben ihre Krankheiten nicht immer. Oft schleppen sie Erreger ein, die zudem die eigenen Tiere gefährden.

Welchen Rattenschwanz an Kosten, Leid und emotionalem Schmerz solche Käufe nach sich ziehen, ist den wenigsten Menschen bewusst. Leider regelt die Nachfrage das Angebot. Bitte kaufen Sie eine Katze entweder beim seriösen Züchter oder geben Sie einer Tierschutzkatze die Chance auf ein schönes Leben.

Die Wurfgeschwister genießen die Nähe sichtlich.

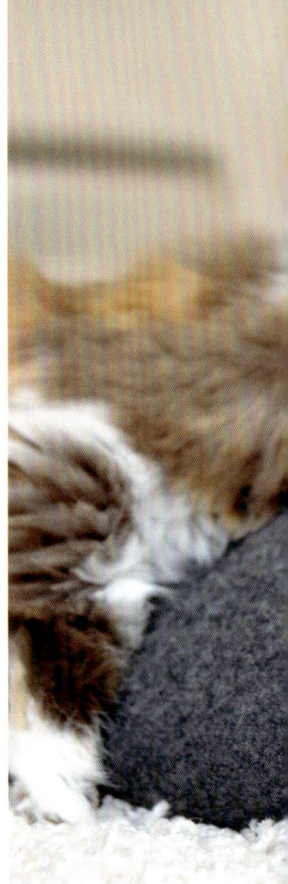

01

02

Darauf sollten Sie achten
— wichtige Fragen beim Kauf

Elterntiere Sind die Elterntiere beim Besuch anwesend? Wenn nicht, warum? In welchem Zustand sind sie? Sind sie gesund, gesellig, zutraulich?
Krankheiten Gibt es (rassespezifische) Krankheiten in der Zuchtlinie, bei den Elterntieren oder vorherigen Würfen? Wurden diese vor dem Deckakt ausgeschlossen? Ist überhaupt etwas über die Elterntiere bekannt?
Gesundheit Ist eine tierärztliche Versorgung gegeben? Sind die Kätzchen gesund und munter? Wurden sie einem Tierarzt vorgestellt, entwurmt und geimpft? Sind die Augen klar, die Nase und der Po sauber, das Fell seidig? Wie alt sind die Kitten?
Sozialisation Konnten die Kitten mit vielen verschiedenen Menschen, groß, klein, jung, alt, Mann, Frau, etc., gute Erfahrungen machen? Haben sie andere Tiere ken-

03

04

05

nengelernt (wenn das für Ihren Haushalt relevant ist)? Haben die Kitten die wichtigsten Alltagsgeräusche kennengelernt, wie Türklingel, Staubsauger, Telefon, Waschmaschine etc.?

Haltung Ist es eine reizarme Aufzucht oder dürfen die Kleinen viel kennenlernen und erleben? Gibt es Spielzeug, Dinge zum Erkunden? Wurden die Kitten bisher in einem separaten Bereich gehalten oder wachsen sie mit menschlichem und kätzischem Familienanschluss auf?

Fütterung Gibt es nur billiges Trockenfutter oder wird abwechslungsreich und hochwertig gefüttert? (Mehr dazu im Kapitel „Fütterung" ab Seite 78)

01 Das Kätzchen hat saubere Augen und einen klaren Blick.

02 Das Fell ist glatt und seidig, es schaut aufmerksam.

03 Es wird tierärztlich untersucht, entwurmt und geimpft.

04 Das Kitten lernt spielerisch Haushaltsgeräte kennen.

05 Skeptisch prüft das Katzenkind den Geruch und Geschmack des Wassers. Es leckt ein paar Tropfen von der Pfote.

Der Tag der Wahrheit –
Ihr Kätzchen zieht ein!

Nun ist es bald so weit, die Grundausstattung ist besorgt und Sie treffen letzte Vorbereitungen für den Einzug Ihrer sorgsam ausgewählten Katzenkinder.

DAS KÄTZCHENZIMMER

Ein Kätzchenzimmer ist ein Raum, den Sie für Ihre Kätzchen mit allem herrichten, was diese vorerst benötigen: Futterplatz, Wasserstelle, mindestens ein Katzenklo, eine oder mehrere Kratzgelegenheiten sowie mehrere gemütliche Liegeplätze und Verstecke auf verschiedenen Ebenen. Hier bieten sich zum Beispiel verschiedene Kartons oder Kuschel-

höhlen an, sie sind in der Regel sehr beliebt. Wenn Sie Ihre Kätzchen das erste Mal aus der Transportbox lassen, werden sie vermutlich zuerst die Verstecke auf dem Boden aufsuchen, diese befinden auf Augenhöhe und sind schnell erreichbar. Nachdem sie sich umgesehen haben, werden sie danach höher gelegene Plätze bevorzugen. Wenn es Ecken oder Zwischenräume in diesem Zimmer gibt, die für Katzen, aber nicht für Menschen erreich-

Nach der Ankunft verlässt das Kätzchen zögerlich die Transportbox.

bar sind, sollten Sie diese unzugänglich machen, indem Sie etwas davorstellen.

Lassen Sie den Kätzchen die Zeit, die sie benötigen, um sich in „ihrem" Zimmer zurechtzufinden, alles zu erkunden und sich zu entspannen.

Bevor Sie den Rest der Wohnung freigeben, sollten die neuen Katzen sich normal und angstfrei im Kätzchenzimmer bewegen, sie sollten gegessen und das Klo benutzt haben, und vielleicht konnten sie sich sogar schon auf ein Spiel und eine Kuschelrunde mit Ihnen einlassen. Das bedeutet, dass sie sich schon einleben und bereit sind, ihr neues Heim Zimmer für Zimmer zu erkunden.

KEIN MUSS

Das Kätzchenzimmer ist kein Muss, wenn Sie keine anderen Haustiere haben, die frei in Wohnung oder Haus leben, es kann jedoch die Eingewöhnung erleichtern. Es ist weit weniger beunruhigend, wenn die Kitten sich erst einmal nur mit einem Raum auseinandersetzen zu müssen. Das Kätzchenzimmer soll eine Wohlfühloase und ein sicherer Rückzugsort sein. Von hier aus können die Kleinen den Rest ihrer neuen Welt entdecken.

Schon mutiger erkundet es das Kätzchenzimmer.

Leben bereits andere Katzen oder Hunde bei Ihnen, ist ein vorerst abgetrennter Bereich für die Katzenkinder sehr sinnvoll. Sonst kann die Flut an neuen Eindrücken gleich am ersten Tag die Kleinen überfordern. Gehen Sie langsam, geduldig und systematisch bei der Zusammenführung vor. In vielen Fällen geht zwar alles glatt, wenn die Katzen einfach zusammengelassen werden, doch es gibt keine Garantie. Das Thema „Katzenzusammenführung" füllt bereits ganze Bücher und ist leider zu umfangreich für dieses Buch. In den Serviceseiten finden Sie Buchempfehlungen zu diesem Thema.

ANKOMMEN LASSEN

Nehmen Sie sich ein paar Tage Urlaub, am besten zwei Wochen, um Ihre neuen Mitbewohner in der ersten Zeit bestmöglich zu begleiten. Dazu gehört auch, dass keine großen Termine anstehen, weder Kätzchenpartys noch Umbauarbeiten. Erledigen Sie möglichst alles, was für Hektik sorgen könnte, im Vorfeld: Partys, Urlaubsreisen, Reparaturarbeiten und Ähnliches. Neugierige Freunde, Nachbarn und Verwandte dürfen das Kätzchen besuchen, wenn es richtig angekommen ist und sich bei Ihnen rundum wohl fühlt.

Verändern Sie nicht sofort alles Bekannte, sondern versuchen Sie, ein paar Dinge oder Rituale aus dem alten Zuhause zu übernehmen. Dazu gehört vor allem das bekannte Futter. Behalten Sie es noch für ein paar Tage bei, bevor Sie langsam beginnen, es umzustellen, wenn Sie das möchten. Der Umzug ist eine riesengroße Veränderung im Leben der Katzenkinder. Sie werden, trotz aller guten Vorbereitung, der Ablenkung durch Sie und all der Dinge, die es zu entdecken gibt, Stress durch die Trennung von Mutter und Geschwistern haben, spätestens wenn die Ablenkung nachlässt. Sie benötigen etwas Zeit, um sich einzugewöhnen und zu verstehen, dass sie nun bei Ihnen wohnen.

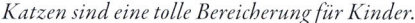

Katzen sind eine tolle Bereicherung für Kinder.

Oh Schreck! Es macht einen Buckel.

ARTGENOSSEN UND ANDERE TIERE

Haben Sie bereits eine Katze und möchten nun eine oder zwei passende dazu nehmen? Oder leben andere Tiere bei Ihnen wie Hunde, Vögel oder Nager? Dann gibt es einiges zu beachten.

Bitte überstürzen Sie nichts bei der Zusammenführung und holen Sie sich Hilfe, wenn anfängliches Fauchen, Knurren, Starren oder ein vereinzelter Pfotenhieb nach ein paar Tagen nicht deutlich abnehmen und durch freundliche Verhaltensweisen wie Blinzeln, Kopfabwenden oder eine Nasenbegrüßung abgelöst werden. Halten Sie sich bitte an das Kätzchenzimmer und gestalten Sie die ersten Begegnungen durchweg positiv, indem Sie viele supertolle Leckereien bereithalten und großzügig verteilen. Seien Sie auch darauf gefasst, dass es körperliche Auseinandersetzungen geben kann und halten Sie entsprechende Hilfsmittel bereit, um die Katzen im

Notfall trennen zu können. Hier meine ich weder Wasserflasche noch Rappeldose, sondern eine Decke, große Pappe oder ein großes Kissen, um schnell für Sichtschutz zu sorgen und eine Katze aus dem Zimmer bugsieren zu können, ohne selbst in die Schusslinie zu geraten. So weit kommt es meistens nicht, aber es ist gut, einen Plan B parat zu haben. Ganz wichtig für eine gelungene Zusammenführung ist es, dass Sie weder die neuen Kätzchen, noch die Ersttiere überfordern, sondern betont langsam vorgehen und eine Begegnung beenden, wenn es am schönsten ist.

HUNDE

Wenn Katze und Hund gemeinsam aufwachsen, sind die körpersprachlichen Differenzen meist schnell überbrückt und es entwickeln sich oft enge Freundschaften. Kommen Katzenkinder zu einem älteren Hund, gehen Sie besser auf Nummer sicher und trennen Hund und Katzen durch ein Kinder- oder Hundetrenngitter. Die gibt es sogar mit Katzentür.

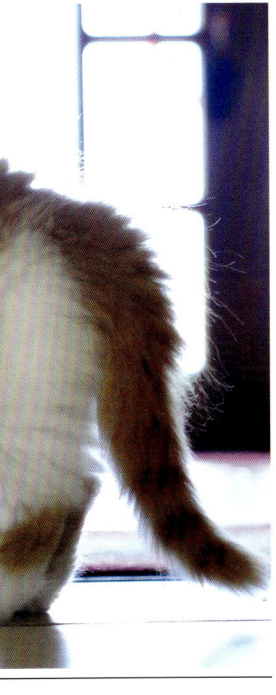

Eine vorsichtige Begegnung von Erstkatze und neuem Kätzchen.

Viele Hunde haben Katzen „zum Fressen gern". Aber sie können lernen, die Kätzchen als Familienmitglieder zu akzeptieren, selbst wenn sie draußen am liebsten jede Katze jagen würden. Lassen Sie sie anfangs nicht unbeaufsichtigt, bis Sie sicher sein können, dass den Kätzchen durch den Hund keine Gefahr droht. Auch hier ist eine Verhaltensberaterin zur Einschätzung der Situation und zur Begleitung der Zusammenführung sinnvoll.

VÖGEL UND NAGER

Hausgenossen wie Vögel oder Nager passen ins Beuteschema von Katzen. Daher sollten diese Tiere außer Reichweite der Katzen gehalten werden. So manche findige Katze hat schon den Käfigriegel geknackt. Zudem bedeutet das dauernde Belauern, das Beutetiere bei Katzen nun einmal auslösen, für das kleinere Tier puren Stress. Es gibt zwar immer wieder beeindruckende Freundschaften zwischen Katzen und Vögeln oder anderen Tierchen, doch das sind Ausnahmen.

KINDER UND KÄTZCHEN

Wenn Sie bereits Kinder haben, fragen Sie sich einmal, ob sie schon in einem Alter sind, in dem sie verstehen können, dass Katzen keine lebenden Plüschtiere sind und nicht immer verfolgt und gegriffen werden wollen? Hören Ihre Kinder auf Sie, wenn Sie sagen, dass es reicht? Können Ihre Kinder ohne großes Geschrei oder Wutausbrüche von der Katze ablassen, wenn Sie darum bitten? Sind es eher ruhige, sanfte Gemüter oder sind sie laut und wild?

Wenn Sie diese Fragen nicht mit „Ja" beantworten können, sollten Sie lieber noch etwas warten, bis Ihre Kinder alt genug sind, um das alles zu verstehen. Sind Ihre Kinder schon älter und verständnisvoll genug, sollten Sie den Katzen dennoch Rückzugsräume gewähren, die für die Kinder tabu sind, damit sie in Ruhe schlafen und sich von dem Trubel erholen können.

Alltag mit Kätzchen

Ihre Kätzchen sind eingezogen, sie konnten die ganze Familie bereits kennenlernen. Nun geht es langsam daran, ihnen beizubringen, welche Regeln bei Ihnen gelten, wie der Tagesablauf aussieht, und die Welt gemeinsam zu entdecken.

KATZENGERECHTE WOHNUNG

Sie haben schon einiges im Kapitel Grundausstattung über die katzengerechte Wohnung erfahren. Nun möchte ich Ihnen einige Ideen mitgeben, wie Sie den Alltag für Ihre Kätzchen mit Hilfe einfacher Mittel etwas spannender gestalten können.

Schaffen Sie kleine Veränderungen im Umfeld der Katze, indem Sie beispielsweise eine Decke über einen Hocker hängen. Sie werden merken, dass Ihre Kätzchen ganz schnell dabei sein werden, um dieses neue Konstrukt zu untersuchen. Schaffen Sie auch unter Möbeln Platz, wo immer das möglich ist. Manchmal steht Katzen der Sinn danach, unter dem Sofa oder dem Bett zu schlafen. Richten Sie ihnen dort kuschelige, geschützte Plätze ein.

VERSTECKE UND KLETTERGELEGENHEITEN

Katzen lieben es, sich zu verstecken, alles zu beobachten, aber selbst nicht gesehen zu werden. Dafür reicht oft schon ein Sichtschutz, der nur wenige Zentimeter hoch ist, ein Katzenbettchen mit Rand, ein Kissen, eine flache Schachtel (fast alle Katzen lieben Kartons), Pflanzen, eine Decke über einem Stuhl, etc. Von dort lässt es sich viel schöner lauern und beobachten.

Die 3. Dimension bietet Katzen eine abwechslungsreiche Lebensraumerweiterung, wenn erhöhte Plätze für sie zugänglich gemacht werden. Achten Sie aber immer darauf, dass keine Sackgassen entstehen und ein zweiter Fluchtweg zur Verfügung steht, sollte der Zugang von einer anderen Katze blockiert werden. Katzen lieben es, erhöht zu schlafen, das gibt ihnen Sicherheit und Übersicht. Gerade in einer neuen Umgebung, die ein vorsichtiges Kätzchen noch nicht gut einschätzen kann, bieten sich sowohl Verstecke an, als auch erhöhte Aussichts- und Schlafplätze. Auch Höhlen werden gern genommen. Räumen Sie die Fensterbänke frei und richten Sie diese gemütlich her, sodass Ihre Katzen die Außenwelt beobachten können.

MITBRINGSEL

Bringen Sie Ihren Katzen Dinge von draußen mit, z. B. Federn, Laub, einen Stein, Stock oder Ast, Gräser, etwas Wiese (abgeschnitten, im Blumenkasten oder im großen Blumenuntersetzer, ungiftige Kräuter oder Pflanzen, etc.). So werden sie immer wieder zur Erkundung angeregt. Oft reicht es auch schon, einen Karton hinzustellen – der Karton ist für viele Katzen meistens spannender als der für Mieze bestellte, ausgeklügelte Inhalt dieses Kartons in Form hübscher Bettchen oder toller neuer Spielzeuge.

Verstecke im Regal sind super und werden gern angenommen.

Kartons sind tolle Abenteuerspielplätze.

Das Kätzchen entdeckt spielerisch die Welt.

AN FREIGANG GEWÖHNEN

Gewöhnen Sie Ihre Kätzchen langsam an den Freigang. Führen Sie von Anfang an feste Fütterungszeiten ein, so gibt es immer einen guten Grund, zu Hause vorbeizuschauen. Halten Sie Ihre neuen Mitbewohner für einige Wochen nur im Haus, sodass sie eine Beziehung zu ihrer neuen Umgebung und zu Ihnen aufbauen können und sich wohlfühlen. Wenn die Kätzchen bisher nur im Haus gelebt haben, sollten Sie sie bei ihren ersten Ausflügen begleiten. Üben Sie Wege mit den Kleinen ein, zum Beispiel, dass sie nicht in Richtung Straße laufen, sondern in Richtung Garten. Auch Wege über Mauern oder durch Zäune können Sie ihnen zeigen und für sie gestalten, zum Beispiel durch Aufstiegshilfen, die es ihnen erleichtern, Hindernisse zu überwinden, ohne sich dabei zu verletzen.

Die Kleinen müssen erst einmal lernen, wo sie wohnen, um von dort aus das neue Revier zu erkunden und auch zurückzufinden.

Der beste Zeitpunkt für einen ersten selbstständigen Ausflug ist vor einer Mahlzeit. So gibt es gleich einen guten Grund, schnell wieder heimzukommen. Belohnen Sie Ihre Katzen immer königlich dafür. Machen Sie ein Ritual daraus und zeigen Sie ganz offenkundig Ihre Freude über die Rückkehr Ihrer Katzen.

Auf der Pirsch durchs frische Gras: Kleine Abenteurer genießen den Freigang.

Geben Sie auch Ihren Nachbarn Bescheid, dass sich ab jetzt ein kleiner, neuer Freigänger in der Gegend herumtreibt, gern auch mit Foto. So weiß jeder gleich, wohin der Zwerg gehört, und weiß, an wen er sich wenden muss, wenn es Probleme gibt oder der Rückweg schwer zu finden ist.

FREIGANG NUR UNTER VORAUSSETZUNGEN

Sollte es in Ihrer Wohngegend möglich sein, Ihren Katzen den Freigang zu ermöglichen, sollten Sie sie nur gechipt, registriert und vor allen Dingen kastriert ins Freie lassen. Das Chippen und Registrieren bei Tasso oder einem anderen Haustierregister erhöht die Wahrscheinlichkeit, dass Sie Ihre Katze wiederbekommen, sollte sie weggelaufen sein. Der sogenannte Chip ist ein von Glas umhüllter Transponder, der eine 15-stellige, ein-

deutige Identifikationsnummer speichert und über ein spezielles Lesegerät ausgelesen werden kann. Tierärzte und manche Tierschutzvereine verfügen über solche Lesegeräte. Über die Registrierung sind Sie als Halter schnell ausfindig zu machen.

Eine weitere Voraussetzung ist in meinen Augen die Kastration. Eine unkastrierte Katze oder einen Kater ins Freie zu lassen, ist unverantwortlich und nicht im Sinne des Tierschutzes. Jeden Frühling werden ungewollte Kitten geboren, die einem ungewissen Schicksal entgegensehen, weil ihre Mütter und Väter unkastriert ins Freie gelangten und die Gelegenheit ergriffen, sich fortzupflanzen. In unseren Städten und auch auf dem Land gibt es schon viel zu viele herrenlose Katzen. Die verantwortungsvolle Kastration ist ein wichtiges Werkzeug, um noch mehr Katzenleid zu verhindern.

Klimmzug – die Bank dient als Turngerät.

KATZENKLAPPE

Eine gute Möglichkeit, Ihren Katzen ungehinderten Freigang zu bieten, ist eine Katzenklappe. Wählen Sie am besten ein chipgesteuertes Modell. Das verhindert, dass andere Katzen oder unliebsame Besucher ins Haus oder in die Wohnung kommen. Gerade wenn es einen besonders neugierigen oder mobbenden Nachbarkater gibt, sollte unter allen Umständen verhindert werden, dass er ins Kernrevier Ihrer Katzen vordringen kann. Ihre Katzen müssen sich darauf verlassen können, dass sie im Haus sicher sind.

Auch eine Katze muss lernen, eine Katzenklappe zu benutzen. Zeigen Sie ihr, wie das Ding funktioniert und wozu es gut ist. Loben und belohnen Sie Ihre Katzen, wenn sie sich der Klappe nähern, sie mit dem Köpfchen anstubsen oder direkt durchgehen. Helfen Sie anfangs, indem Sie die Klappe hochhalten.

WENN DIE KATZE NICHT ZURÜCKKOMMT

Es ist hilfreich, gute, möglichst aktuelle Fotos zur Hand zu haben, auf denen Ihre Katzen gut erkennbar sind. Fotografieren Sie Besonderheiten, die sie unverwechselbar machen, im Detail. So können Sie im Notfall schnell Suchzettel erstellen und verteilen.

Ebenso hilfreich ist eine aktuelle Liste mit Kontaktdaten von Anlaufstellen in Ihrer Umgebung, die Sie informieren sollten, wie:
– Tierärzte
– Tierheime und Tierschutzvereine
– Polizei und Feuerwehr
– Tasso und andere Meldestellen, bei denen Ihre Katzen gemeldet sind

Bedenken Sie auch, dass eine normale Katzen-klappe für einen stattlichen Maine Coon-Kater zu klein ist und er sie daher kaum be-nutzen wird, denn er passt einfach nicht durch. Auch kann es manchen Katzen un-angenehm sein, die Tür mit dem Kopf auf-zudrücken, oder wenn sie beim Durchgehen über den Rücken streicht.

Halten Sie die Klappe in den ersten Wochen geschlossen, sodass Ihre neu eingezogenen Katzen nicht versehentlich entwischen, ob-wohl sie ihr neues Zuhause noch nicht gut kennen.

Der Moment, in dem eine Katze durch die Klappe geht, ist ein sehr ungeschützter, denn sie kann durch das Material der Klappe schlecht sehen, was draußen los ist, ob jemand auf sie wartet oder ob die Luft rein ist. Daher wundern Sie sich bitte nicht, wenn Ihre Katze vor der Klappe herumstreicht und sich nicht entscheiden kann, ob sie durchgeht oder nicht. Helfen Sie ihr, indem Sie die Haustür oder das Fenster öffnen, so kann sie die Um-gebung besser einsehen, das hilft ihr bei der Entscheidung.

HALSBAND

Ein Halsband kann zwar sinnvoll erscheinen, da Sie einen Adressanhänger daran befestigen können. Auch spricht ein Halsband dafür, dass die Katze jemandem gehört, der sich um sie kümmert. Aber es birgt auch die große Ge-fahr, dass die Katze hängenbleibt, nicht wei-terkommt oder sich stranguliert. Es gibt zwar Sicherheitsverschlüsse, doch ab wann sich die-se öffnen, hängt auch vom Zug ab, der auf dem Halsband ist. Sicherer ist es, die Katzen chippen zu lassen und auf ein Halsband zu verzichten.

DIE SACHE MIT DEM GLÖCKCHEN

Manche Katzen tragen ein Glöckchen am Halsband, um Vögel vor einem Katzenangriff zu warnen. Leider nützt es nichts und das ewige Gebimmel macht nur die Katze ver-rückt, die gezwungen ist, es zu tragen. Katzen sind Ansitzjäger, das heißt, das Glöckchen würde erst bimmeln, wenn die Katze los-springt, und dann ist es zu spät für eine War-nung. Entweder ist der Vogel bereits entkom-men oder nicht – mit und ohne Glöckchen.

Mit oder ohne Geschirr: Draußen ist es spannend.

KATZENBALKON UND CO.

Es gibt für Ihre Katze verschiedene Möglichkeiten, trotzdem mit der Natur in Kontakt zu kommen, sollte echter Freigang nicht möglich sein. Balkone und Terrassen lassen sich heute sicher vernetzen, auch Gärten lassen sich ein- und ausbruchssicher gestalten. Die einfachste Lösung ist ein gegen Absturz gesichertes Fenster. Bringen Sie das Gitter, das den Absturz verhindern soll, z. B. nicht im Fensterrahmen an, sondern so, dass das äußere Fensterbrett noch zur Verfügung steht. Mit einer selbst ausgesäten Liegewiese, ein paar Katzenpflanzen und einem bequemen Kissen entsteht so eine kleine Katzenoase.

KATZENGASSI?

Eine weitere Möglichkeit ist es, Ihr Kitten an Geschirr und Leine zu gewöhnen, sodass Sie gemeinsame Ausflüge unternehmen können. Auch hier ist einiges zu beachten: Überlegen Sie sich gut, ob Sie Ihrer Katze diesen Service bieten möchten. Viele Katzen fordern den gemeinsamen Spaziergang regelrecht ein, wenn sie Gefallen daran gefunden haben.

Der Balkon wird sicher vernetzt, bevor die Katze hinaus darf.

Am Geschirr durchs Gras zu streifen, macht Spaß.

Sie müssen also bereit sein, ähnlich wie mit einem Hund regelmäßige Ausflüge zu machen. Des Weiteren gibt es auch an der Leine diverse Gefahren, wie zum Beispiel frei laufende Hunde oder laute Geräusche, vor denen die Katzen erschrecken, aus dem Geschirr schlüpfen und in Panik weglaufen könnten. Suchen Sie also die Gebiete, in denen Sie mit Katze unterwegs sein möchten, sorgfältig aus. Gemeinsame Spaziergänge können jedoch eine schöne Erfahrung und zusätzliche Auslastung sein. Wichtig ist, dass die Kitten das Geschirr spielerisch kennenlernen, sodass sie keine Angst davor entwickeln. Es ist für Katzen unnatürlich, etwas angezogen zu bekommen, viele finden das erst einmal doof. Aber sie können lernen, dass es sich lohnt, ein Geschirr zu tragen und dass sie sich auch mit Geschirr ganz normal bewegen können.

ALLEINE LASSEN

Bei Hunden wird viel über Trennungsstress gesprochen, bei Katzen seltener oder gar nicht. Ich bin davon überzeugt, dass auch Katzen Trennungsstress empfinden können, wenn ihre Menschen weggehen und sie allein lassen. Besonders auf ihren Menschen fixierte Tiere haben vermutlich Probleme, wenn diese das Haus verlassen. Bei Katzen geht man davon aus, dass sie selbstständiger sind als Hunde, dass unausgelastete, gelangweilte Katzen nun einmal Unsinn anstellen und dass manchmal auch Dinge zu Bruch gehen. Man verbindet diese Ereignisse aber nicht mit Trennungsstress, sondern schlicht mit dem Wesen von Katzen. Ich kann diese Gedanken nicht belegen, denn ich kenne keine Studie, die sich schon einmal mit diesem Thema beschäftigt hätte. Jedoch kann man verschiedene Verhaltensweisen von Katzen durchaus mit Trennungsstress begründen. Zum Beispiel gibt es Katzen, die ihren Menschen wie ein Hund hinterherlaufen. Sie scheinen tief und fest in der Nähe ihres Menschen zu schlafen, doch sobald dieser das Zimmer wechselt, und sei es nur, um schnell etwas zu holen, stehen sie auf und folgen ihm auf Schritt und Tritt. Warum sollten solche Katzen keinen Stress empfinden, wenn ihr Mensch sie über Stunden allein lässt?

ALLEINSEIN ÜBEN

Nehmen Sie sich Urlaub, wenn Ihre Kätzchen einziehen. So haben Sie sie am Anfang immer im Auge. Der Vorteil ist, Sie bekommen gleich mit, wenn sie Marotten entwickeln, und können sehr früh erzieherisch eingreifen, um schlechte Angewohnheiten gar nicht erst entstehen zu lassen. Beginnen Sie relativ schnell damit, die Katzen für kurze Zeiträume allein zu lassen, die sie nach und nach ausdehnen. Gehen Sie für ein paar Minuten ins Badezimmer oder in einen anderen Raum. Zuvor bekommen die Kätzchen eine Beschäftigungsmöglichkeit, z.B. ein Fummelbrett, eine Rupftüte (siehe Seite 119) oder eine Handvoll Leckerlies auf den Boden gestreut. So lernen sie gleich, dass es nicht schlimm ist, wenn Sie weggehen. Dann verlassen Sie kurz die Wohnung, um den Müll wegzubringen, Brötchen zu holen oder einfach eine Runde um den Block zu laufen. Steigern Sie die Zeiten, in denen Sie abwesend sind, langsam. Jedes Mal bekommen die Katzenkinder eine Beschäftigung, die sie toll finden. So gewöhnen Sie die Kleinen ganz sanft daran, dass Sie nicht immer da sind.

Viele Menschen machen den Fehler, sich in den ersten Tagen rund um die Uhr um die Kitten zu kümmern und dann direkt zum Alltag überzugehen. Der Alltag sieht meist so aus, dass die Kleinen 8 bis 10 Stunden allein sind. Dieser extreme Unterschied von „Mein Mensch ist immer da" zu „Mein Mensch ist ganz lange nicht da" ist für viele Katzen sehr stressig.

QUALITÄTSZEIT

Qualitätszeit ist ein umständliches Wort, das aber etwas sehr Wichtiges beschreibt: Es bedeutet, dass Sie bewusst eine schöne Zeit mit Ihren Katzen verbringen, in der Sie dafür sorgen, dass jede Katze auf ihre Kosten kommt und ihre Bedürfnisse befriedigen kann. Qualitätszeit ist nicht nur jede soziale Interaktion mit Ihnen, sondern heißt auch, dass die Mitkatze nicht dazwischenfunkt. Qualitätszeit kann unterschiedlich aussehen, je nach Vorlieben der einzelnen Katzen:

— Gemeinsames Spiel oder: „Hey Mensch, guck mal, was ich kann!"
— Nah beim Menschen sein oder mit Körperkontakt kuscheln
— Übungen mit dem Clicker (mehr dazu ab Seite 128)
— Denksportaufgaben, denn Probleme erfolgreich zu lösen macht auch Katzen glücklich und steigert das Selbstbewusstsein.

Intelligenzspiele vertreiben die Zeit. Da ist es nicht so schlimm, wenn der Mensch mal weg ist.

— Gemeinsam etwas beobachten
— Futterfummeleien und Suchspiele
— Gemeinsame Ausflüge ins Grüne, an Leine und Geschirr oder gemeinsam auf Terrasse oder Balkon die Sonne genießen
— Bürsten und Fellpflege – wird von vielen Katzen, die gelernt haben, wie entspannend eine Bürstenmassage sein kann, als Wellness wahrgenommen und eingefordert.

Erlaubt ist alles, was Ihnen beiden gefällt. Schenken Sie Ihrer Katze Ihre Aufmerksamkeit, lassen Sie sich überraschen, welche Interaktionen Sie Ihnen anbietet, und gehen Sie darauf ein. Sie beide werden diese Zeit sehr genießen! Es bereichert Ihre Beziehung, gemeinsam Zeit zu verbringen. Denken Sie daran, dass jede einzelne Katze diese Zeit braucht. Viele Katzen fordern diese Zeit, die nur ihnen gehört, sehr bald ein.

RITUALE ETABLIEREN

Trotz aller Anpassungsleistungen, die unsere Katzen vollbringen, und obwohl wir ihnen immer wieder neue Anreize bieten, um sie geistig zu fördern, sind Katzen Gewohnheitstiere. Die einen mehr, die anderen weniger. Jede Katze profitiert von festen Ritualen. Durch Rituale werden Sie vorhersehbar und zuverlässig, ja vertrauenswürdig für Ihre Katzen. Rituale geben Sicherheit und verhindern Enttäuschungen und damit Frustration, sie geben dem Tag einen festen Rahmen und den Katzen Höhepunkte, auf die sie sich freuen können. Katzen lernen dabei, dass zum Beispiel nach dem Gute-Nacht-Ritual keine Interaktion mehr stattfindet, weil Sie schlafen. Sie lernen ebenso, welches Ritual Futter, soziale Interaktion mit Ihnen oder Freigang ankündigt. Und sie lernen, welche Rituale ankündigen, dass Sie für längere Zeit die Wohnung verlassen und vorerst nicht für gemeinsame Aktivitäten zur Verfügung stehen.

Schöne Beispiele für gemeinsame Rituale sind:
— Das gefüllte Fummelbrett, das Sie hinstellen, bevor Sie zur Arbeit gehen,
— die Schmuseeinheit / Clickereinheit vor dem Zubettgehen (mehr dazu lesen Sie ab Seite 128 im Kapitel Markertraining),
— die Decke, die sie sich auf den Schoß legen, damit Ihre Katze zum Kuscheln darauf springen kann,
— die Schmuseeinheit nach dem Aufwachen und vor dem Aufstehen,
— der gemeinsame, tägliche Spaziergang durchs Revier,
— die kleine Übung, die Sie abfragen, bevor Sie das Futter hinstellen oder die Tür für den Freigang öffnen,
— die Übungseinheit für ruhiges Warten während der Futterzubereitung (z. B. 10-Leckerchen-Spiel, ab Seite 132).
Werden Sie kreativ und erfinden Sie schöne, gemeinsame Rituale mit Ihren Kätzchen!

AKTIVITÄTS- UND RUHEZONEN

Es kann eine sehr schöne Möglichkeit sein, von Anfang an Aktivitäts- und Ruhezonen zu etablieren. Das sorgt dafür, dass Ihre Katzen nach einer Weile automatisch in diese bestimmte Stimmung kommen, wenn sie eine solche Zone betreten. Außerdem bekommen die Katzen so eine Möglichkeit, Ihnen mitzuteilen, wonach ihnen der Sinn steht, indem sie eine bestimmte Zone aufsuchen.
Je nach Größe und Aufteilung der Wohnung können Sie zum Beispiel das Schlafzimmer komplett oder in Teilen (nur das Bett) zur Ruhezone erklären. Das machen Sie, indem Sie Ihren Katzen in der Ruhezone nur ruhige, entspannte Interaktionen anbieten: Schmusen, Schlafen, Bürsten (wenn das schon entspannend ist). Wenn Sie auf diese Art und Weise Ihre Wohnung strukturieren, sollten Sie unbedingt auch ausgleichende Aktivitätszonen einrichten. Die gesamte Wohnung zur Ruhezone zu erklären, funktioniert leider nicht. Analog zur Ruhezone bieten Sie Ihren Katzen in den Spielzonen gemeinsames Spiel an oder stellen ihnen dort Spielzeug zur Verfügung, mit dem sie sich allein beschäftigen können. Die Futterzone erklärt sich von selbst. Bieten Sie bestimmte Aktivitäten immer am selben Ort an, so kann Ihre Katze den Ort mit der Aktivität verknüpfen.

ANSTUBSEN

Meine Katzen haben zum Beispiel gelernt, dass es sich lohnt, meine Aufmerksamkeit zu erregen, indem sie mich mit dem Pfötchen berühren. Das ist für mich ein Zeichen, ihnen zu folgen. Sie bringen mich dann in die Zone, in der ihr aktuelles Bedürfnis befriedigt werden kann: Wir gehen dann gemeinsam in die Küche zum Futterplatz, zur Bank, auf der wir immer bürsten und kuscheln, in die Spielzone oder zum Fummelspielzeug. Meine Kollegin Christine Hauschild nennt das so treffend „der Katze ein Signal an die Pfote geben".

Ein Stups mit der Pfote ...

... und dann geht es in die Kuschelzone.

SCHLAFTYPEN

Die Natur hat Katzen so erschaffen, dass sie nicht nur einmal am Tag lange schlafen. Bei ihnen wechseln sich häufige Aktivitätsphasen mit Schlafphasen ab. Auch die Anlaufzeiten nach einem Nickerchen sind kürzer als bei uns Menschen. Katzen sind also polyphasische Schläfer. Zudem sind sie dämmerungsaktiv, denn zu dieser Zeit haben sie die besten Jagderfolge. Alle ihre Sinnesleistungen sind für die Dämmerungsjagd optimiert.

Mit der Zeit passt sich ihr Aktivitäts- und Schlaf-Rhythmus dem unseren an. Zuerst aber ist es normal, dass Katzen nachts aufwachen und den Schlafplatz wechseln, etwas essen oder ihre Toilette benutzen. Manche haben sogar richtige Aktivitätsphasen, was stören kann, wenn sie dann versuchen, mit allen Mitteln die Aufmerksamkeit ihres Menschen zu erregen.

AUSSITZEN?

Stillen Sie vor dem Zubettgehen alle Bedürfnisse, die Ihre Katzen haben können: z. B. Hunger, Bewegungsdrang, der Wunsch nach Abwechslung und Aufmerksamkeit. Nachts bleiben Sie liegen, wenn Ihre Katzen durch die Wohnung laufen, maunzen oder versuchen, Ihre Aufmerksamkeit zu erhalten. Die Katze wird kurzzeitig ignoriert: nicht aufstehen, nicht schimpfen, gar nicht reagieren, denn auch negative Aufmerksamkeit ist Aufmerksamkeit!

Warten Sie einen kurzen Moment ab, in dem sich Ihre Katzen ruhig verhalten, und schauen Sie nach dem Rechten, denn es kann immer ein nächtlicher Notfall eintreten.

Hinterfragen Sie jedoch, warum die Katze nachts aktiv war und nehmen Sie am nächsten Tag entsprechende Verbesserungen im Tagesablauf vor. Haben Sie auch immer im Hinterkopf, dass nächtliche Unruhe körperliche (z. B. Schmerzen, Erkrankungen) oder psychische Ursachen (z. B. Angstzustände) haben kann. Ich bin kein Freund davon, eine Katze generell zu ignorieren, wenn sie etwas tut, was den Menschen stört. Hinter dem Verhalten der Katze steht immer eine Emotion, ein Bedürfnis oder eine Erfahrung, die sie gemacht hat. Das darf keinesfalls ignoriert werden!

Die Versuchung ist groß: „Darf ich die Schlagsahne kosten, nur ein einziges Mal ...?"

UNSITTEN BEI TISCH

Um ein späteres Betteln am Tisch zu umgehen, sollten Sie darauf achten, dass die Katzen von Anfang an nichts vom Tisch bekommen. Essensreste sind nicht als Katzenfutter geeignet, und obwohl Katzen einen Sinn dafür haben, was ihnen bekommt und was nicht, wollen manche dennoch gern einmal probieren. Lassen sie das bitte nicht zu. Denken Sie daran: Wenn es einmal geklappt hat, könnte es wieder klappen. Katzen speichern derartige Erfolge sehr schnell ab.

Wenn Ihre Katze Interesse an Ihrem Essen zeigt oder Sie bei der Zubereitung der Mahlzeiten belagert, können Sie ihr beibringen, dass es sich lohnt, ruhig auf einem bestimmten Platz zu warten, weil nur dort die Möglichkeit besteht, dass etwas für sie abfällt. Dazu legen Sie einfach immer wieder ein Futterbröckchen auf diesen Platz, auf dem Ihre Katze später sitzen soll. Das kann ein Hocker, das Fensterbrett, ein Regal oder ein Platzdeckchen auf dem Boden sein.

Wenn Sie nun etwas zubereiten, lotsen Sie die Katze auf ihren Warteplatz und reichen ihr dort immer wieder ein Warteleckerchen. Am Anfang müssen diese in schneller Folge kommen. Mit der Zeit werden es weniger.

Das gleiche Prinzip gilt auch, wenn Ihre Katze gern über den Tisch läuft. Bringen Sie ihr bei, dass es sich mehr lohnt, auf ihrem Platz zu sitzen und zu warten, als über den Tisch zu stiefeln.

TRÖSTEN ERLAUBT!

Die Gerüchte, dass Trösten die Angst verschlimmern würde, halten sich nach wie vor in den Köpfen der Menschen. Sie dürfen jedoch Ihrer Katze in einer gruseligen Situation beistehen und ihr Trost und Nähe spenden! Das gilt sowohl für Silvester, eine Party und Bauarbeiten, aber auch für kleinere Schrecken wie die Türklingel, laute Musik oder Besuch. Betrachtet man bestimmte Vorgänge im Körper, wird klar, dass Angst durch Trost nicht verschlimmert werden kann: Die Hormone, die bei Entspannung, Trost und Körperkontakt zur vertrauten Bezugsperson ausgestoßen werden, wirken den Angst- und Stresshormonen entgegen. Wenn Ihre Katze bei Ihnen Schutz sucht und Sie sie trösten, fühlt sie sich besser! Sie helfen ihr in gruseligen Situationen, indem Sie Ruhe und Sicherheit ausstrahlen. Dadurch verbessern Sie die Stimmungslage Ihrer Katze. Wenn Sie Ihre Katze aber ignorieren, sie mit ihrer Angst allein lassen, macht es die Situation nicht besser, im Gegenteil. Sie lernt, dass Sie sie im Stich lassen.

ACHTUNG

Wenn Ihre Katze unter dem Bett oder im Schrank Zuflucht gesucht hat, lassen Sie sie da und bedrängen Sie sie nicht. Seien Sie in der Nähe, machen Sie beruhigende Musik an. Und bleiben Sie ruhig! Ihre Katze spürt, wenn Sie gestresst sind. Ein hektisches Streicheln, unruhiges, schnelles Atmen und verkrampftes Festhalten vermittelt ihr keinen Trost! So würden Sie die Situation tatsächlich schlimmer machen.

Bitte trösten Sie Ihre Katze, wenn sie es annehmen kann, versüßen Sie ihr diese Situationen mit tollen Leckerchen, netten Worten, ihrem Lieblingsspiel, Ihrer Gesellschaft und bleiben Sie gelassen! Stellen Sie Ihrer Katze sichere Rückzugsmöglichkeiten zur Verfügung: Lassen Sie den Kleiderschrank offen und schaffen Sie Platz unter dem Bett.

MIEZE AN DIE MACHT!

Immer wieder höre ich Sätze wie: „Meine Katze ist dominant, der Kater unterwirft sich." Oder: „Die müssen die Rangordnung klären." Bekannt sind diese Aussagen aus der Hundewelt. Vielleicht werden sie einfach übertragen. Trotz vieler Gemeinsamkeiten sind Katzen keine kleinen Hunde. Sie haben teilweise sehr ähnliche Bedürfnisse, allerdings gibt es auch gravierende Unterschiede. Wir müssen also die Verhaltensbiologie, Anatomie und Physio-

logie von Hund und Katze recht gut kennen, um entscheiden zu können, wo Parallelen sind und wo nicht.

DIE SACHE MIT DER DOMINANZ

Im Jahre 1802 wurde erstmals eine Rangordnung bei Hummeln beschrieben. Diese wurde 1922 auf Hühner übertragen, um bestimmte Verhaltensweisen zu erklären. Seither wurde diese Theorie von vielen Forschern auf verschiedene Tierarten angewendet, verändert, überprüft und neu angepasst. Der Wolf und der Hund sind nur zwei Beispiele dafür. Inzwischen hat man erkannt, dass es nicht so linear zugeht und man Wolf und Hund nicht in einen Topf werfen kann. Daher gilt die Dominanztheorie inzwischen selbst bei Hunden als veraltet.

Auf Katzen lässt sich die Theorie noch weniger übertragen. Sie leben in ganz anderen sozialen Strukturen als Hunde oder Wölfe. Und: Weder Hunden, Wölfen noch Katzen geht es um das Macht-Prinzip, sondern vielmehr darum, das Beste aus einer Situation für sich selbst herauszuholen.

Die meisten „Dominanzfälle" lassen sich viel plausibler erklären: Von Antipathie, der Verteidigung von besonders wichtigen Ressourcen bis hin zum Wunsch nach Gemütlichkeit oder der Wahrung der Individualdistanz gibt es viele Gründe für ein vermeintlich dominantes Verhalten.

Alles, was sie tun, hat entweder eine emotionale oder körperliche Ursache. Ursachen, die für meine Katzen wichtig sind und die ich daher ernst nehme. Weder unterstelle ich meinen Katzen eine böse Absicht, noch von Menschen erdachte Konstrukte wie Protest oder Rache. Katzen denken anders als wir. Sie sind direkter in ihrer Denkweise: Haben sie ein Problem, lösen sie es, und zwar ohne Umwege. Vielmehr versuche ich, ihre Gründe zu verstehen und dafür zu sorgen, dass sich die emotionale Bewertung oder körperliche Ursache dahingehend verändert, dass sie ihr Verhalten verändern können.

Fit für ein langes Leben

— Ernährung, Pflege und Verständigung

Fütterung

Der Ausspruch „Du bist, was du isst" gilt auch für Katzen. So kann ein Futter sowohl einen positiven als auch einen negativen Effekt auf das Verhalten und die Gesundheit haben.

KATZEN SIND FLEISCHFRESSER

Katzen sind Carnivoren, also echte Fleischfresser. Der Mensch gehört zu den Omnivoren, den Allesfressern, d. h. er kann sowohl pflanzliche als auch tierische Nahrung aufspalten und verwerten. Katzen sind dazu nicht in der Lage! Ihnen fehlt ein Enzym, das die Zellwände von pflanzlichen Nahrungsbestandteilen aufspalten kann.

Um gesund zu bleiben und ihren Energiebedarf zu decken, benötigen Katzen Fette und Eiweiße aus tierischen Quellen. Um sich zu entwickeln, zu wachsen und ihre Zellen zu erneuern, brauchen sie bestimmte Amino-

säuren, die es nur in tierischer Nahrung gibt. Pflanzliche Kost wird unverdaut durch den gesamten Verdauungtrakt befördert, ohne dass die Katze einen Nutzen daraus ziehen könnte. Ein hoch verdauliches Futter sorgt für wesentlich weniger „Output" Ihrer Katze. Wenn sie täglich große Mengen Kot absetzt, sollten Sie – wenn sonst gesundheitlich alles in Ordnung ist – über ein anderes Futter nachdenken.

NICHTS FÜR KATZEN

Würde man einen so hoch spezialisierten Fleischfresser ausschließlich über vegetarische oder gar vegane Kost ernähren, wäre dies tierschutzrelevant, da es nicht den Bedürfnissen

Kitten, die von Klein auf verschiedenes Futter kennenlernen, sind seltener wählerisch.

der Katze entspricht. Ebenso haben Essensreste, Süßigkeiten, rohes Schweinefleisch und -knochen, gekochte Knochen, Gewürze, Essig sowie die meisten Küchen- und Heilkräuter nichts im Katzennapf zu suchen.

FUTTERUMSTELLUNG NACH DEM EINZUG

Lassen Sie sich am besten ein paar Portionen des bekannten Futters mitgeben und notieren Sie genau, welches Futter die Kätzchen kennengelernt haben. Füttern Sie dieses Futter in der ersten Zeit weiter. Es ist durchaus möglich, dass der Umzugsstress den Kleinen auf den Magen schlägt und sie Durchfall bekommen. Warten Sie dann nicht zu lange mit dem Tierarztbesuch.

LANGSAM VORGEHEN

Wenn der erste Stress überstanden ist, können Sie Ihre Katzen gerne auf ein hochwertiges Futter Ihrer Wahl umstellen. Ich persönlich bevorzuge die langsame Umstellung, da eine schnelle zu Verdauungsbeschwerden führen kann. Auch eine Futterverweigerung ist möglich, wenn die Katzen in frühester Jugend zu einseitig ernährt wurden. Beginnen Sie nach frühestens 7 bis 10 Tagen. Mischen Sie eine kleine Menge des neuen Futters unter das alte. Manche Katzen akzeptieren größere Mengen, andere haben bereits mit einem Teelöffel des neuen Futters Probleme. Wichtig ist, dass Sie die Kitten nicht überfordern.

MÄKELKATZEN

Wenn eine Katze krank ist, sollte sie unter allen Umständen fressen, egal wie oder welches Futter. Doch für eine gesunde Katze müssen nicht allabendlich mehrere Dosen geöffnet werden, bis die sechste oder siebte endlich gegessen wird. Dahinter steckt nichts anderes als eine Lernerfahrung, die Ihre Katze ge-

Katzengras ist kein Muss, aber eine Bereicherung.

macht hat: Vielleicht hat mein Mensch ja noch etwas Besseres in petto? Mit der Anzahl der geöffneten Dosen steigt die Wahrscheinlichkeit auf einen echten Leckerbissen.

— Gewöhnen Sie Ihre Katzen an feste Fütterungszeiten.
— Das Futter sollte immer zimmerwarm sein, denn kaltes Futter verursacht Bauchweh und riecht nicht so verlockend.
— Räumen Sie das Futter nach ca. einer halben Stunde wieder weg. Wenn Ihre Katze nichts gegessen hat, hat sie Pech gehabt.
— Warten Sie ca. eine Stunde, bis Sie ihr wieder etwas anbieten.

Frisst Ihre Katze nach einer Weile immer noch nicht und macht auch ansonsten keinen guten Eindruck, kann hinter der Fressunlust auch eine Erkrankung stehen. Lassen Sie Ihre Katze nicht länger als 24 Stunden hungern!

KATZENGRAS

Katzengras ist kein Muss, aber viele Katzen lieben es und können es kaum erwarten, wenn man frisches Gras nach Hause bringt. Achten Sie bitte darauf, dass es ungespritzt ist und weder eine raue Oberfläche hat noch zu scharfkantig ist.

Fütterungsarten

— Ein Interview mit Julia Tinnemann

Hier lesen Sie Tipps und Fachwissen von der Tierernährungsberaterin Julia Tinnemann zu verschiedenen Fütterungsarten, deren Vor- und Nachteilen und worauf Sie bei der Auswahl von qualitativ hochwertigem Futter achten können.

Kitten dürfen in der Regel so viel essen, wie sie wollen.

Was unterscheidet Alleinfutter von Einzelfutter?

Als Alleinfuttermittel darf laut Futtermittelgesetz nur Futter bezeichnet werden, das den lebensnotwendigen Nährstoff- und Energiebedarf einer Katze garantiert deckt, wenn es ausschließlich und in empfohlener Menge gefüttert wird.

Einzelfuttermittel sind z. B. Flocken, Fleisch oder einige Nassfutter. Sie reichen nicht aus, um den Nährstoffbedarf zu decken und müssen mit anderen Futtermitteln, Vitaminen oder Mineralstoffen ergänzt werden.

Welche Vor- und Nachteile haben Nass- und Trockenfutter?

Nassfutter wird oft sehr gut akzeptiert. Die Katze nimmt viel Wasser mit dem Futter auf. Katzen decken ihren Flüssigkeitsbedarf fast ausschließlich über die Nahrung. Manche Nassfutter enthalten vermehrt Geliermittel und bindegewebiges Fleisch, was Verdauungsstörungen verursachen kann. Trockenfutter ist billiger als Feuchtfutter. Es kann längere

Verschiedene Futterarten im Überblick: Trockenfutter, Feuchtfutter und Rohfleisch.

Zeit stehen bleiben und gut gelagert werden. Nachteilig ist der oft hohe Getreideanteil. Das Gerücht, Trockenfutter beuge Zahnstein vor, ist falsch. Im Gegenteil: Der stärkehaltige, lange zwischen den Zähnen haftende Brei begünstigt Zahnstein.

Gibt es Alternativen zu Fertigfutter?

Sie können für Ihre Katze selbst kochen oder sie barfen, also roh ernähren. Die Vorteile von selbstgemachtem Futter sind die individuelle Anpassung an den Gesundheitszustand und die Vorlieben der Katze. Und Sie bestimmen selbst die Qualität der Zutaten.

Was muss bei der Futterherstellung in der eigenen Küche beachtet werden?

Ohne Wissen über die Ernährung der Katze geht es nicht! Bevor Sie auf selbstzubereitetes Futter umstellen, müssen Sie sich informieren, welche Nährstoffe eine Katze benötigt und worin sie enthalten sind. Fleisch allein reicht nicht aus, um den Energie- und Nährstoffbedarf zu decken. Die Gefahr einer Fehlversorgung mit Nährstoffen und Vitaminen ist groß. Folgeerkrankungen sehe ich regelmäßig in meiner Praxis. Besonders Katzen im Wachstum haben einen speziellen Nährstoffbedarf, der sich mehrfach ändert, bevor sie ausgewachsen sind. Eine Fehlversorgung kann langfristig zu irreversiblen Schäden führen, vor allem am Bewegungsapparat. Je jünger die Katze, desto geringer ist ihre Toleranz für Nährstoffschwankungen.

Woran erkennt man gutes Fertigfutter?

Das ist für den Katzenhalter gar nicht so leicht. Selbst ein Fachmann erstellt in der Regel eine rechnerische Analyse, um die Qualität zu überprüfen. Es gibt aber einige Merkmale, die für ein qualitativ hochwertiges Futter sprechen.

Je klarer die Benennung der Einzelbestandteile in Alleinfuttern, umso besser. Für Katzen sollte der Fleischanteil im Futter sehr hoch sein. Je weiter vorne ein Bestandteil in der Zutatenliste steht, desto mehr ist im Futter enthalten. Bezeichnungen wie „Muskelfleisch vom Rind" oder „Geflügelfleischmehl" sind besser als „Fleisch und tierische Nebenerzeugnisse". Innereien wie Leber oder Lunge gehören ins Katzenfutter, denn sie enthalten wichtige Nährstoffe, jedoch nicht als Hauptbestandteil. Katzen können Getreide und Milchprodukte nur schlecht verdauen, sie sollten, wenn überhaupt, einen geringen Anteil ausmachen. Im Futter enthalten sein muss Taurin, ein lebensnotwendiger Nährstoff, den Katzen nicht in ausreichender Menge bilden können. Es ist z. B. am Erhalt der Herzfunktion und der Netzhaut beteiligt. Meiden Sie Futter, das als Alleinfuttermittel deklariert ist, aber auf dem Etikett keine Angaben zu Vitaminen, Mineralstoffen oder Taurin hat.

Zucker hat keinen Nährwert für Katzen, ist ungesund für die Zähne und gehört nicht ins Katzenfutter.

Kittenfütterung

— Ein Interview mit Julia Tinnemann

Die Tierernährungsberaterin gibt Tipps zu den Themen Kittenfutter und Fütterungszeiten und erklärt, warum feste Zeiten günstiger sind, als Futter, das rund um die Uhr angeboten wird. Zudem empfiehlt sie eine abwechslungsreiche Fütterung.

Ist ein spezielles Kittenfutter notwendig und warum?

Man sollte ein geeignetes Futter für junge Katzen im Wachstum verwenden. Durch die noch geringe Größe des Magen-Darm-Trakts ist die Menge des aufnehmbaren Futters begrenzt. Die Katze kann ihren erhöhten Nährstoffbedarf nicht vollständig durch eine erhöhte Futteraufnahme kompensieren. Kittenfutter hat eine höhere Energie- und Nährstoffdichte. Es sollte mindestens bis zum zehnten Lebensmonat gegeben werden. Dann können Sie langsam auf Erwachsenenfutter umstellen. Große Rassen wie Maine Coons wachsen länger, hier sollte ab 12 Monaten auf ein Adultfutter umgestellt werden. Dann ist die Skelettentwicklung größtenteils abgeschlossen.

Was ist ad libitum Fütterung? Ist sie empfehlenswert?

Bei der ad libitum Fütterung steht das Futter 24 Stunden am Tag zur freien Verfügung. Hier wird vorwiegend Trockenfutter

Frisches Wasser muss immer zur Verfügung stehen.

Nassfutter sollte nur für kurze Zeit angeboten werden. Wenn es nicht gegessen wird, verdirbt es leicht.

gefüttert, da es nicht so schnell verdirbt. Es ist angenehm für den Halter, da er nicht an feste Fütterungszeiten gebunden ist. Die Katze kann sich ihre Ration selbst einteilen. Sie macht die Erfahrung, dass immer Futter vorhanden ist, und wird dadurch leider oft immer wählerischer. Es gibt Katzen, die nicht in der Lage sind, sich ihre Ration einzuteilen. Sie haben ein großes Risiko, übergewichtig zu werden und profitieren von festen Fütterungszeiten und Rationen.

Welche Fütterung halten Sie für ratsam?

Es gibt kein Patentrezept. Einige Katzen kommen gut mit ad libitum klar. Ich persönlich empfehle feste Fütterungszeiten. Die Futtermenge ist kontrollierbarer und die Katzen haben etwas, worauf sie sich freuen können. Zudem sind feste Fütterungszeiten eine Vorsorge für später. Ein Futtersortenwechsel, die Gabe von speziellen Diäten oder Medikamenten über das Futter ist so wesentlich einfacher.

Haben Sie noch weitere Fütterungs-Tipps für Kittenhalter?

Nassfutter darf nicht lange stehen bleiben, es verdirbt schnell und verursacht dann Bauchweh oder Durchfall.

Von Anfang an sollten mehrere Fleischsorten und Komponenten im Futter enthalten sein, d.h. Sie sollten möglichst abwechslungsreich füttern. Das beugt einer späteren Fixierung auf eine Sorte vor und erleichtert Änderungen des Futters, beispielsweise bei Krankheit oder im Urlaub.

Auf keinen Fall dürfen Vitamin- oder Mineralstoffpräparate, wie Kalzium, einem Alleinfuttermittel zugefügt werden. Dies führt u.a. zu dauerhaften Fehlentwicklungen am Bewegungsapparat. Ein Alleinfutter ist in sich ausgewogen und benötigt keine zusätzlichen Präparate. Wenn Sie bei der Futterzusammensetzung unsicher sind, können Sie eine unabhängige Ernährungsberaterin um Rat bitten.

Gesundheitsvorsorge

Wir können einiges tun, um unsere Katzen gesund zu erhalten. Dazu gehören nicht nur regelmäßige Checkups zu Hause und beim Tierarzt, sondern auch Impfungen, Kastration und regelmäßige Fellpflege.

Wenn Sie zu Hause regelmäßig einen kleinen Checkup durchführen und Ihre Katzen alle ein bis zwei Jahre einem Tierarzt vorstellen, ist die Wahrscheinlichkeit groß, dass Organschwächen und Krankheiten frühzeitig erkannt werden. Katzen können Schmerzen und Unwohlsein sehr gut verstecken, sodass Erkrankungen häufig erst bemerkt werden, wenn sie schon weit fortgeschritten sind. Schulen Sie Ihren Blick für den Gesundheitszustand Ihrer Katzen, so fällt es Ihnen leichter, frühzeitig Veränderungen zu erkennen. Gewöhnen Sie die Katzen von klein auf an einige Untersuchungen. Der Blick in die Ohren und das Mäulchen gehört dazu. Sind diese Handgriffe der Katze bekannt, erleichtert das auch den späteren Tierarztbesuch. Solche Untersuchungen können Sie üben, das nennt man „Medical Training".

CHECKUP ZUHAUSE

Folgende Untersuchungen sind leicht durchzuführen: Tasten Sie vorsichtig das Bäuchlein ab. Der Bauch sollte weich und nicht angespannt oder aufgedunsen sein. Schauen Sie in die Ohren und riechen Sie auch daran. Ein gesundes Ohr hat rosafarbene Haut, ist sauber und riecht nicht unangenehm. Die Augen sollten wach und klar, ohne Rötungen, Absonderungen oder Trübungen sein.

Gesunde Bindehäute sind rosa und glänzend. Um sie anzusehen, können Sie vorsichtig das untere Augenlid mit dem Daumen nach unten ziehen. Wiegen Sie Ihre Katzen regelmäßig, um größere Gewichtsschwankungen zu bemerken. Achten Sie auch auf die Ausscheidungen. Verändert sich der Geruch, die Farbe, die Konsistenz? Zeigt Ihre Katze einen anderen Bewegungsablauf auf dem Klo als sonst?

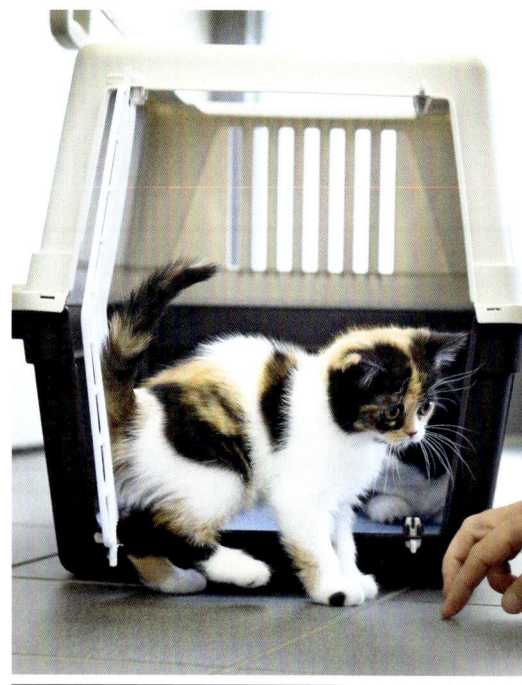

Das Kitten darf erst mal die Praxis erkunden.

KATZENFREUNDLICHER TIERARZT

Erkundigen Sie sich vorab, ob ein Tierarzt auf Katzen spezialisiert ist. Nicht jeder hat ein Händchen für diese besonderen Patienten. Man braucht viel Geduld, Einfühungsvermögen und Verständnis für die Bedürfnisse und Ängste einer Katze. Oft gibt es ein Katzenwartezimmer oder extra Warteplätze für Katzen. Ein Katzen-Tierarzt wird auf die Ängste von Katze und Halter eingehen und sie nicht ignorieren. Er geht freundlich mit Ihrer Katze um und versucht, mit einem Minimum an Zwangsmaßnahmen sein Ziel zu erreichen. Er redet beruhigend mit Ihrer Katze und vermeidet laute Geräusche, plötzliche Bewegungen und scharfe Gerüche, etwa nach Desinfektionsmitteln. Er erklärt Ihnen die Diagnosen und Behandlungsschritte sowie die Medikamentengaben verständlich und ausführlich, sodass Sie gemeinsam die beste Entscheidung für die Behandlung treffen können.

MEDICAL TRAINING – WAS MÖGLICH IST

Folgende Abläufe können Sie mit Ihrer Katze üben, sodass sie im Ernstfall ohne allzu viel Stress durchgeführt werden können:

— freiwillig in den Transportkorb gehen und sich herumtragen lassen
— sich intensiv ansehen lassen (längeres Anstarren ist bedrohlich)
— hochheben und festhalten lassen
— stillhalten und den ganzen Körper oder auch einzelne Körperteile untersuchen lassen
— Augen, Nase und Ohren ansehen und ggf. reinigen lassen
— Zahnkontrolle und ggf. Zähneputzen
— Pfötchen anfassen und festhalten lassen
— Augentropfen eingeben lassen
— Bürsten und scheren lassen
— Asthmaspray aus dem Katzeninhalator einatmen
— mit Händen & Gegenständen berühren lassen
— Filzzotteln herausschneiden lassen
— eine Tablette fressen

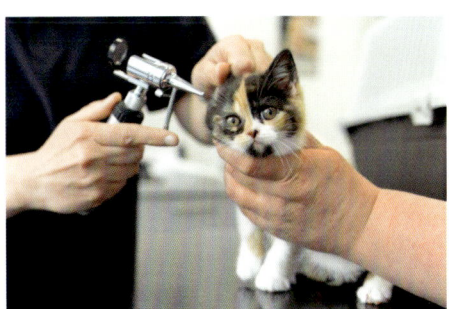

Ohrenuntersuchung beim Tierarzt.

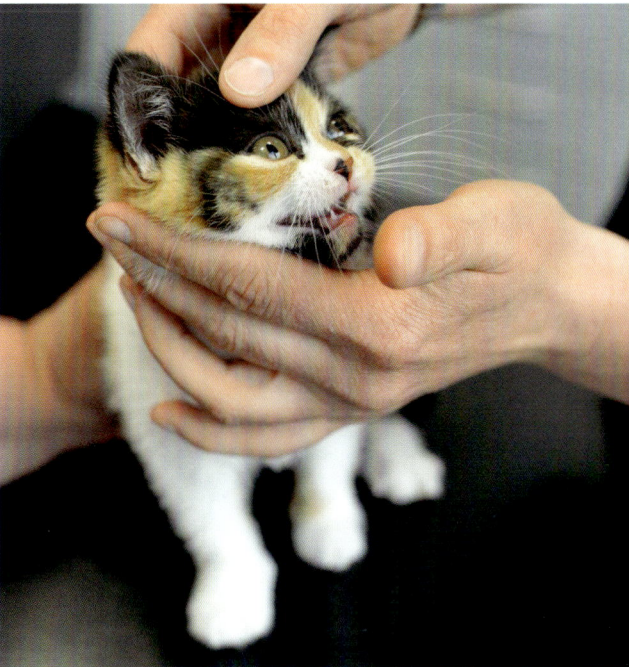

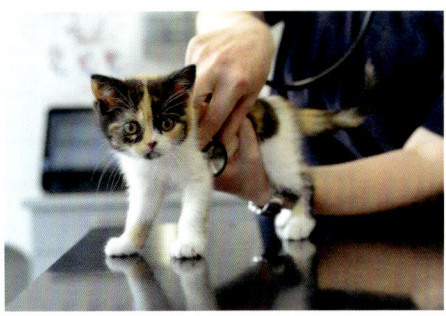

Abhören von Herz und Lunge.

Auch Augen und Mäulchen werden inspiziert.

Selbstbehandlung oder Tierarztbesuch?

— Ein Interview mit J. Tinnemann & A. Haag

Unter Katzenhaltern gibt es viele gutgemeinte Ratschläge. Es finden sich z. B. Tipps zu Heilpflanzen, Homöopathie und Hausmitteln. Die Tierheilpraktikerinnen Julia Tinnemann und Annabel Haag klären auf.

Vielen Haltern ist die Homöopathie ein Begriff. Sie gilt als ungefährlich. Stimmt das?

Homöopathie ist eine gute Möglichkeit, die Selbstheilungskräfte auf sanfte Weise anzuregen, besonders bei chronischen Erkrankungen. Aber es gibt über 3 000 homöopathische Arzneimittel. Die Auswahl und Dosierung sollte daher einem ausgebildeten Therapeuten überlassen werden. Homöopathie ist eine ganzheitliche, auf den Patienten zugeschnittene Therapie, die nicht nur körperliche, sondern auch Gemütssymptome, Charakter und Eigenarten des Tieres berücksichtigt. Wählt man ein unpassendes Mittel können neue Symptome auftreten, die eigentlich geheilt werden sollten.

Unter Katzenhaltern kursieren viele Hausmittel. Sind solche Ratschläge unbedenklich?

Man sollte Ratschlägen von Menschen, deren Fachkompetenz nicht einzuschätzen ist, immer mit Vorsicht begegnen.

Gibt es Mittel oder Tipps, die einer Katze schaden können?

Vielen Menschen ist nicht bewusst, dass das, was Hund oder Mensch hilft, noch lange nicht für die Katze verträglich ist. Katzen haben einen speziellen Stoffwechsel: Sie können einige Inhaltsstoffe nur sehr langsam bzw. gar nicht abbauen, sie lagern sich stattdessen als Gifte im Körper ab. Man spricht dann von mangelnder Glucuronidierung.

Viele bewährte Heilkräuter enthalten ätherische Öle und andere sekundäre Pflanzenstoffe (z.B. Terpene und Phenole), die für Katzen giftig sind. Trotzdem werden immer wieder Empfehlungen ausgesprochen, z.B. Erkältungskrankheiten mit Salbei, Thymian oder Eukalyptus zu behandeln, obwohl gerade diese Kräuter sehr viele ätherische Öle enthalten. Diese können u. a. das zentrale Nervensystem schädigen. Selbst wenn bei einmaligem Kontakt keine Beschwerden

Homöopathische Unterstützung kann sinnvoll sein, allerdings müssen Mittel und Dosierung stimmen.

auftreten, kann es bei mehrmaligem Gebrauch zu Langzeitvergiftungen kommen. Heilkräuter sollten nur vom fachkundigen Therapeuten eingesetzt werden. Auch in vielen Tierpflegemitteln wie Shampoos, Zahnpasta und Präparaten gegen Parasiten sind ätherische Öle enthalten, z.B. das besonders unverträgliche Teebaumöl oder Neemöl. Neemöl enthält für Katzen giftige Terpene und Phenole. Schauen Sie sich deshalb vor dem Kauf unbedingt die einzelnen Inhaltsstoffe an.

Diverse Spot-On-Präparate gegen Parasiten für Hunde sind für Katzen hoch giftig. Toxische Inhaltsstoffe sind u. a. Permethrin oder Pyrethroide. Achten Sie darauf, nur für Katzen zugelassene Mittel zu verwenden. Knoblauch, der Allicin enthält, und andere Zwiebelgewächse werden häufig als natürliche Flohbekämpfung empfohlen. Sie können bei Katzen zu Blutarmut führen und müssen gemieden werden.

Wie sieht es mit Medikamenten, Salben und Tees aus?

Der Einsatz von Medikamenten, die für Menschen oder andere Tierarten bestimmt sind, ist tabu. Eine Tablette Aspirin oder Paracetamol ist für eine Katze sogar tödlich. Jodhaltige Salben können u. a. Magen-Darm-Entzündungen und Störungen der Herztätigkeit hervorrufen. Auch Medikamente, die mit Alkohol haltbar gemacht werden, sind für Katzen unverträglich. Schwarzer Tee wird häufig bei Durchfall empfohlen. Das darin enthaltene Koffein ist giftig für Katzen. Bei Verstopfung sollten keine Selbstversuche mit Ölen gemacht werden. Falsch angewendet riskiert man eine Darmentzündung.

Was sollte man beachten?

Achten Sie bei Tipps immer auf die Informationsquelle und holen Sie bitte eine seriöse Zweitmeinung ein.

Gut gemeint ist nicht immer gut gemacht, und manchmal sogar gefährlich.

WAS TUN IM NOTFALL?

Halten Sie *wichtige Telefonnummern* von Ihrem Tierarzt, Notfall-Tierkliniken, der Giftzentrale, Tasso, etc. griffbereit. Dazu gehört auch ein tierfreundlicher Taxiservice, der Ihre Katze mitnimmt.

Es empfiehlt sich, einen *Katzen-Gesundheitsordner* anzulegen. Darin bewahren Sie den Impfpass, die Krankenversicherungspolice (soweit vorhanden), Diagnosen und Untersuchungsergebnisse vom Tierarzt und alles, was sonst mit der Gesundheit Ihrer Katze zu tun hat, auf. Im Ernstfall können Sie dann schnell den Ordner und die kranke Katze einpacken

INHALT NOTFALLAPOTHEKE

— Einmalhandschuhe
— sterile Kochsalzlösung zur Wundreinigung
— sterile Einwegspritzen (ohne Kanüle) z. B. zur Wundspülung
— sterile Tupfer/Kompressen/Verbandsmaterial, wenn bereits ausreichende Kenntnis vorhanden ist, wie ein Verband korrekt angelegt wird
— Fieberthermometer mit flexibler Spitze, das sehr schnell misst
— Coldpack/Wärmekissen/Notfalldecke
— Flohkamm
— Zeckenzange
— Pinzette zum Entfernen von Stacheln oder Dornen

Es empfiehlt sich der Besuch eines Erste-Hilfe-Kurses für Katzen bei einem Tierarzt oder Tierheilpraktiker. Auch einige Tierschutzvereine bieten solche Kurse an. Fragen Sie auch hier nach den Qualifikationen und Erfahrungen der Dozenten!
Wenn Sie wissen, wie Sie sich in einer Notfallsituation korrekt verhalten, hilft Ihnen das, ruhiger und überlegter zu handeln. Wenn die eigene Katze betroffen ist, ist das schwer genug.

und sofort in die Notfallsprechstunde fahren, ohne noch lange Dokumente zusammenzusuchen. Je mehr Untersuchungsergebnisse dem Notfall-Tierarzt vorliegen, desto besser kann er behandeln und entscheiden, was zu tun ist. Es ist sehr sinnvoll, vom Tierarzt oder THP verabreichte Medikamente und alternativmedizinische Mittel mit Namen und Dosierung lebenslang zu dokumentieren und ebenfalls im Gesundheitsordner abzulegen. So gehen wichtige Informationen wie Unverträglichkeiten von oder Reaktionen auf Medikamente nicht verloren. Die doppelte Gabe von Medikamenten bei Tierarztwechsel wird vermieden. Ihre *Sicherheit* steht an erster Stelle: Wenn Ihre Katze sie verletzt, können Sie ihr nicht gut helfen, Sie sind dann eher mit sich selbst beschäftigt. Katzen, die Schmerzen haben, wehren sich zum Teil massiv. Bewahren Sie einen kühlen Kopf! Schützen Sie sich im Zweifelsfall mit dicker Kleidung, Handschuhen und Stiefeln. Nehmen Sie entweder eine Wickelunterlage oder zweite Decke für den Rückweg mit, falls Ihre Katze sich im Transportkorb übergibt oder unter sich macht.

Dieses Kätzchen schläft entspannt auf der Seite. Es geht ihm gut, es muss nicht zum Tierarzt.

NOTFALL – SOFORT ZUM TIERARZT!

— Die Katze reagiert nicht mehr auf Ansprache, sie ist apathisch.
— Sie hat Verletzungen durch Bisse, Kämpfe oder Unfälle, blutet stark oder hat Verbrennungen.
— Sie hat eine Verletzung am oder im Auge.
— Sie hat eine Verletzung durch Fremdkörper oder etwas verschluckt – die Entfernung eines Fremdkörpers sollte ausschließlich vom Tierarzt vorgenommen werden!
— Sie leidet unter vermindertem oder erfolglosem Kotabsatz, ggf. mit gestörtem Allgemeinbefinden.
— Sie leidet unter vermindertem oder erfolglosem Urinabsatz, ggf. mit Lautäußerungen.
— Sie taumelt und hat Koordinationsprobleme oder drückt den Kopf gegen die Wand.
— Sie hat Krämpfe oder Zuckungen.
— Sie hat Atemnot, hechelt, und/oder zeigt pumpende Atmung ohne ersichtliche Ursache.
— Sie hat weiße, gelbe oder bläuliche Verfärbungen der Schleimhäute.
— Sie hat Lähmungserscheinungen, z. B. nach einem Unfall im Kippfenster.
— Sie speichelt stark ohne erkennbare Ursache.
— Sie hat Arzneimittel aufgenommen, die ihr nicht verordnet wurden. Wenn möglich, bringen Sie dem Tierarzt die Medikamentenverpackung mit.
— Sie verweigert das Futter länger als 24 Stunden.
— Sie erbricht sich mehrfach in kurzen Abständen oder hat starken Durchfall. Bei länger anhaltendem Erbrechen oder Durchfall droht die Katze auszutrocknen. Zum Test kann man eine Hautfalte über dem Rücken leicht nach oben ziehen. Sollte sie nicht innerhalb weniger Sekunden wieder verstreichen, ist Eile geboten, da die Katze bereits dehydriert ist.

Diese Aufzählung ist nicht vollständig. Bitte informieren Sie sich frühzeitig beim Tierarzt Ihres Vertrauens oder durch den Besuch eines Erste-Hilfe-Kurses für Tiere.

Impfen –
Was ist sinnvoll?

— Ein Interview mit Dr. Corinna Cornand

Tierärztin Dr. Corinna Cornand hat sich auf Katzenpatienten spezialisiert. In diesem Interview verrät sie, warum impfen wichtig ist, welche Risiken auftreten können und gegen welche Krankheiten immunisiert werden sollte.

Muss ein Kitten geimpft werden? Welche Impfungen sind sinnvoll für Wohnungskatzen und Freigänger?

Katzenschnupfen und Katzenseuche sollte auch bei reinen Wohnungskatzen geimpft werden, da diese hartnäckigen Krankeitserreger auch durch den Menschen übertragen werden können.

Für Freigänger ist zusätzlich die Tollwutimpfung sinnvoll, da diese Erkrankung auf Menschen übertragbar und für beide tödlich ist. Eine Impfung gegen Leukose ist dann sinnvoll, wenn die Katzen jung sind, sich viel prügeln und Verletzungen davontragen. Das Virus wird vor allem durch Bisse übertragen.

Die Entscheidung für eine Impfung hängt immer von der individuellen Lebenssituation einer Katze ab und sollte mit dem Tierarzt besprochen werden.

Die „Ständige Impfkommission Veterinär (StIKo Vet)" ist eine unabhängige Institution des Bundesverbands praktizierender Tierärzte e.V., bei der sich jeder Halter informieren kann, welche Impfung seine Katze braucht, und wann sie aufgefrischt werden muss.

Gibt es Risiken, wenn ja welche?

Es gibt bei jeder Impfung ein geringes Risiko einer anaphylaktischen Reaktion oder Schocks. Eine Impfung ist ein Auftrag an das Immunsystem, eine „Spezialeinheit" zu bilden. Das ist Arbeit für den Körper und kann mit einer Erhöhung der Temperatur einhergehen. Das bedeutet, dass das Immunsystem gut arbeitet. Die bekannteste, aber sehr seltene Impffolge ist das impfassoziierte Fibrosarkom, ein Tumor, der an der Einstichstelle entstehen kann. Heute wird an Körperstellen geimpft, die eine großflächige Entfernung eines Tu-

Die zweite Impfung ist ein wichtiger Teil der Grundimmunisierung.

mors erlauben. Fibrosarkome können aber auch durch andere Auslöser entstehen, hier gibt es noch viele Spekulationen. Dennoch sollten Katzen nicht zu oft oder grundlos geimpft werden. Insgesamt ist der Nutzen von Impfungen aus meiner Sicht größer als mögliche Schäden.

Worauf sollten Halter achten, die ihre Katze impfen lassen möchten?

Katzen, die eine Katzenschnupfen- oder Katzenseuche-Infektion durchgemacht haben, sollten nicht mehr gegen diese Krankheiten geimpft werden. Das verschlimmert die Erkrankung wieder. Akut kranke Tiere müssen vor einer Impfung gesund werden, sonst kann das Immunsystem nicht adäquat auf die Impfung reagieren. Einige Medikamente können Impfungen sogar unwirksam machen, z.B. Antibiotika.

Auch eine Impfung zeitgleich mit der Kastration ist nicht optimal. Der Körper braucht seine Energie zur Regeneration, die Impfung würde nicht den gewünschten Schutz bieten. Katzen mit FIV (Katzenaids) zu impfen, ist unsinnig. Sie sind nicht in der Lage, auf die Impfung adäquat zu reagieren. Ihnen fehlen die Zellen, die für die Immunabwehr nötig sind. Die gleichzeitige Impfung und Wurmkur ist bei kleinen Katzen nicht empfehlenswert, bei erwachsenen Katzen ist das hingegen kein Problem.

Nur gesunde Kätzchen dürfen geimpft werden!

KASTRATION

Sowohl Kastration als auch Sterilisation sind Eingriffe, die dazu dienen, unerwünschten Nachwuchs zu vermeiden. Doch was ist der Unterschied?

STERILISATION – KASTRATION

Bei einer Sterilisation werden die Samenleiter beim Kater und die Eileiter bei der Kätzin durchtrennt. Dabei bleiben die Keimdrüsen, die bei der Kastration entfernt werden, im Körper und verrichten weiterhin ihre Arbeit, lediglich die Fortpflanzung wird verhindert. Für unsere Stubentiger, die mit uns gemeinsam in Haus oder Wohnung leben, eignet sich die Sterilisation eher nicht. Denn bei Katern wird weder der Drang, auf Brautschau zu gehen, minimiert, noch die Bereitschaft, sich für die passende Kätzin zu prügeln. Durch den besonderen Zyklus der Kätzin kommt diese trotz Sterilisation recht bald in eine Dauerrolligkeit, was ihrer Gesundheit gefährlich werden kann.

GRÜNDE DAFÜR

Es gibt auf dieser Welt so viele ungewollte Katzen. Um dem herrschenden Katzenelend Herr zu werden, gibt es keinen anderen Weg, als nur kastrierten Katzen Freigang zu gewähren. Es gibt von Jahr zu Jahr mehr Katzen, die in Tierheimen oder als Streuner auf dem Land und in Städten ihr Dasein fristen, ungewollt, oft krank oder durch Inzucht gehandicapt. Um dieser Entwicklung entgegenzuwirken, gibt es immer mehr Städte und Gemeinden, die eine Kastrationspflicht für Freigängerkatzen vorsehen.

Doch nur kastrierte Katzen sollten Freigang bekommen, damit es nicht zu ungewolltem Nachwuchs kommt.

Unbeschwertes Freigängerleben!

Der zweite Grund für eine Kastration ist schlicht und einfach Gesundheitsvorsorge und Stressreduktion für Kater, Kätzin und Mensch. Trächtigkeit, Geburt und Jungenaufzucht sind für eine Kätzin eine sehr anstrengende und körperlich zehrende Aufgabe. Es kann gerade bei der ersten Trächtigkeit und Geburt zu Komplikationen kommen. Fortpflanzungsfähige Freigänger-Kater müssen sich um wesentlich größere Reviere kümmern, als kastrierte. Sie legen weitere Strecken zurück, auf denen ihnen etwas zustoßen kann. Sie geraten häufiger in ernste Auseinandersetzungen, sind damit einer höheren Verletzungs- und Ansteckungsgefahr für verschiedene Krankheiten und auch Parasiten ausgesetzt. Ihre Lebenserwartung ist wesentlich kürzer, als die von kastrierten Katzen.

DAUERROLLIGKEIT UND HARNMARKEN

Nicht zuletzt lebt es sich stressfreier und harmonischer mit Kastraten: Eine rollige Kätzin kann mitunter nächtelang nach potenziellen Verehrern rufen. Aufgrund ihres speziellen Zyklus' geraten ungedeckte Katzen schnell in eine Dauerrolligkeit, die nicht selten mit einer Gebärmuttervereiterung endet.

Potente Kater und Kätzinnen haben zudem ein starkes, geruchliches Mitteilungsbedürfnis, das heißt, sie harnmarkieren, um potenziellen Paarungspartnern mitzuteilen, dass sie zur Verfügung stehen.

GIBT ES GRÜNDE DAGEGEN?

Bei all den guten Gründen, die für eine Kastration sprechen, darf man nicht vergessen, dass eine derartige OP massiv in den Hormonhaushalt einer Katze eingreift. Alles steht in Wechselwirkung miteinander. Während der Jugendentwicklung benötigt der Organismus die natürlichen Hormonschübe, um nach Bauplan wachsen zu können. Die Körperteile einer Katze wachsen nicht gleichmäßig. Das heißt, es gibt Phasen, in denen vornehmlich die Knochen oder Muskeln wachsen, und Phasen, in denen die Sehnen und Gelenke nachziehen. Diese Wachstumsphasen werden durch bestimmte Hormonschübe eingeleitet oder beendet. Wenn nun wichtige Hormonschübe ausbleiben, weil ein Tier zu früh kastriert wurde, sind eventuelle Spätfolgen nicht absehbar bzw. bei Katzen kaum erforscht. Daher sollte eine Katze zwar in jedem Fall kastriert werden, doch der Eingriff sollte so spät wie möglich erfolgen. Selbst wenn es neuere Studien gibt, die zwischen Frühkastration (Kastration vor der Geschlechtsreife) und Verhaltensauffälligkeiten keine signifikanten Zusammenhänge finden konnten, sollte jedes Lebewesen die Gelegenheit bekommen, sowohl körperlich als auch geistig erwachsen zu werden.

Warten Sie solange wie möglich, aber mindestens, bis die Katze den Zahnwechsel hinter sich hat, das ist ca. mit sechs bis neun Monaten der Fall. Es gibt immer mal wieder Fälle, in denen früher kastriert werden muss, aber das sind Ausnahmen. Kater können noch mehrere Wochen nach der Kastration zeugungsfähig sein.

Körperpflege für Katzen

Um ihre Krallen- und Fellpflege kümmern sich Katzen in der Regel selbst. Doch manchmal brauchen sie dabei unsere Hilfe, z.B. wenn das Fell besonders lang oder fein ist.

KRALLENPFLEGE

Katzen benötigen ihre Krallen zum Klettern, Jagen und Spielen. Im Normalfall kümmern sie sich selbst um ihre Krallenpflege. Beim ausgiebigen Kratzen an geeigneten Unterlagen lösen sich die abgestorbenen Krallenhülsen. Darunter wächst die neue Kralle nach. Viele Katzen helfen mit den Zähnen nach. Krallenkürzen durch den Menschen ist nur bei Wachstumsstörungen der Krallen notwendig oder wenn Ihre Katze die Pflege nicht allein bewältigen kann. Sie benötigen dazu eine spezielle Krallenschere. Lassen Sie sich am besten von Ihrem Tierarzt zeigen, wie es geht. Eine Katzenkralle besteht aus einem toten und einem lebenden Teil. Schneidet man zu tief in den lebenden Teil, blutet es stark und tut weh. Das Krallenkürzen können Sie im Rahmen eines Medical Trainings aufbauen.

FELLPFLEGE

Katzen sind sehr reinliche Tiere und verbringen einen großen Teil des Tages mit Körperpflege. Das Baden einer Katze ist nur in Ausnahmesituationen notwendig. Zum Beispiel, wenn sie mit giftigen Substanzen in Berührung gekommen ist, die über die Haut oder durch Abputzen aufgenommen werden können. Kurzhaarkatzen kommen in der Regel gut ohne menschliche Hilfe bei der Fellpflege zurecht, sie benötigen meist nur im Fellwechsel Unterstützung. Wenn Katzen zu viele Haare schlucken, kann es zu Magenproblemen kommen, denn dann bilden sich dicke Fellwürste im Magen, die die Schleimhäute reizen. Wohnungskatzen haben oft einen weniger stark ausgeprägten Fellwechsel als Freigänger. Sie benötigen kein dickes Winterfell, da sie nur bedingt tieferen Temperaturen ausgesetzt sind, doch auch sie verlieren das ganze Jahr über Haare. Jedes Bürsten entfernt das lose Fell und verringert so die Menge an Haaren, die die Katze auf Ihrer Kleidung, dem Sofa oder Teppich hinterlässt. Daher lohnt es sich in jedem Fall, Ihre Kätzchen spielerisch ans Kämmen und Bürsten zu gewöhnen, und sei es nur als Wellnessmassage. Wenn Sie regelmäßig, geduldig und liebevoll üben, wird Ihre Katze schnell Gefallen daran finden. Insbesondere Halblanghaar- und Langhaarkatzen brauchen häufiger unsere Hilfe als Kurzhaarkatzen. Bauen Sie das Bürstenüben als Ritual in den Alltag mit ein. Üben Sie z.B., bevor Sie den Futternapf hinstellen, oder bauen Sie das Bürsten in eine Kuschel-Stunde mit ein.

Katzen sind sehr reinliche Tiere und verbringen viel Zeit mit der Fellpflege.

ANS BÜRSTEN GEWÖHNEN

Sie sollten Ihr Kätzchen von klein auf daran gewöhnen, dass Bürsten und Kämmen etwas Angenehmes sein kann. Sorgen Sie dafür, dass es sich für Ihr Kätzchen lohnt, stillzuhalten. Zeigen Sie ihm zuerst die Bürste, es darf gern daran riechen, sein Köpfchen daran reiben und das komische Ding untersuchen. Dieses Interesse loben Sie mit ruhiger, freundlicher Stimme, gern auch mit Leckerchen. Wenn Ihr Kätzchen sich mit der Bürste vertraut gemacht hat, können Sie versuchen, es damit zu berühren. Achten Sie darauf, dass es entspannt ist und bleibt, während Sie üben. Beenden Sie die Übung, bevor das Kätzchen unruhig wird, in die Bürste beißt oder damit spielen möchte, denn die Bürste ist kein Spielzeug. Sollten Sie diesen Zeitpunkt verpassen und Ihr Kätzchen beißt hinein, unterbrechen Sie die Übung kurz und führen dann noch ein paar kurze, ruhige Bürstenstriche durch, bevor Sie die Übung beenden. Beim nächsten Mal achten Sie darauf, das Bürstenritual rechtzeitig zu beenden, solange das Kätzchen entspannt ist. So behält es das Bürsten in guter Erinnerung und freut sich beim nächsten Mal, wenn Sie die Bürste hervorholen. Machen Sie immer nur ein paar Bürstenstriche, dann belohnen Sie Ihr Kätzchen und machen eine Pause. So verhindern Sie, dass es überfordert wird und sein Stresslevel steigt. Loben und belohnen Sie genau das Verhalten, das Sie beim Bürsten sehen möchten: ruhiges Sitzen-oder-Liegenbleiben, Köpfchen an der Bürste reiben, lang ausstrecken, schnurren. Manche Katzen drehen sich sogar von selbst auf die andere Seite oder zeigen genau, wo sie das Bürsten am liebsten mögen.

01

02

Bürsten Sie immer nur in der Wuchsrichtung des Fells. Lösen Sie Knoten vorsichtig und ohne Ziepen. Wenn Sie merken, dass die Bürste nicht widerstandslos durchs Fell gleitet, beginnen Sie unten am Katzenkörper mit sanften Strichen und arbeiten sich vorsichtig sowohl nach oben als auch in Richtung Haut vor. Hier eignen sich auch leise Schermaschinen um kleine Filzstellen herauszuschneiden – nach vorheriger Gewöhnung an das Geräusch und die Berührung mit der Maschine. Sie können dieses Bürstenritual mehrmals täglich durchführen. Halten Sie die Übungseinheiten kurz und steigern Sie die Anforderungen nur langsam.

Für den Anfang eignen sich weiche Babybürsten. Die haben zwar noch keinen Kämmeffekt, aber Ihre Katze lernt, dass es sich toll anfühlt, damit „gestreichelt" zu werden. Später, wenn Ihre Katze die Prozedur kennt, können Sie zu einer normalen Bürste wechseln.

KNOTEN UND VERFILZUNGEN

Warten Sie zu lange mit der unterstützenden Fellpflege, kann es sein, dass Sie Ihre Katze zum Scheren zum Tierarzt bringen müssen.

Unter den verfilzten Stellen kann die Haut nicht richtig atmen, Fell- und Hautpflege ist nicht mehr möglich und Krankheitserreger können sich ungehindert vermehren und die Haut schädigen. Zudem sind diese Filzstellen unangenehm, jucken, spannen oder tun sogar weh. Hier kann es sinnvoll sein, Ihre Katze an eine leise Schermaschine zu gewöhnen, sodass Sie die Prozedur zu Hause und möglichst stressfrei durchführen können.

GEEIGNETE PFLEGEUTENSILIEN

Bei Halblanghaar- oder Langhaarkatzen kommt man oft nicht mit einer Zupfbürste weiter, gerade wenn sich schon erste Verfilzungen bilden. Um auch das Unterfell auskämmen zu können, eignen sich Kämme mit rotierenden Zinken, da diese weniger ziepen. Es gibt diese Kämme auch mit unterschiedlich langen Zinken, so kommen Sie bei sehr dicker Unterwolle tief ins Fell, denn sonst besteht die Gefahr, dass nur das Deckhaar schön weich und gekämmt ist, sich im Unterfell aber dennoch Zotteln bilden. Es gibt verschiedene Striegel, die die Unterwolle und beginnende Verfilzungen herausschneiden.

03

Probieren Sie es zuerst an sich selbst aus. Wenn die Borsten der Bürste auf Ihrem Handballen kratzen, kratzen sie wahrscheinlich auch auf der Haut Ihrer Katze. Kein Wunder, wenn sie das Bürsten ablehnt.

STRÄHNEN HERAUSSCHNEIDEN

Um die empfindliche Haut Ihrer Katze nicht zu verletzen, dürfen Sie nur parallel zur Haut schneiden oder scheren, niemals mit der Scherenspitze in Richtung Katzenkörper. Die Schere sollte scharf sein und abgerundete Spitzen haben. Solche speziellen Fellpflegescheren gibt es im Tierbedarfshandel zu kaufen. Alternativ gibt es extra leise und schmale Schermaschinen für Hunde und Katzen.

Um ganz sicherzugehen und Verletzungen der empfindlichen und dünnen Katzenhaut zu vermeiden, gibt es einen Trick: Führen Sie einen Fellpflegekamm so unter die verfilzte Strähne, dass er zwischen Haut und Zottel liegt. Nun schneiden Sie mit Schere oder Schermaschine am Kamm entlang. So schützt der Kamm zuverlässig die Katzenhaut vor Schnittverletzungen.

01 Das Kätzchen lernt spielerisch die Babybürste kennen, es darf sie untersuchen.

02 Wenn es sich davon überzeugen konnte, dass von dem Gegenstand keine Gefahr ausgeht ...

03 ... können Sie erste vorsichtige Bürstenstriche ausführen. Belohnen Sie das Kätzchen fürstlich, wenn es sich das gefallen lässt.

HAARE ENTFERNEN
OHNE KAMM ODER BÜRSTE

Im Fellwechsel verlieren Katzen innerhalb kürzester Zeit extrem viele Haare. Wenn sie sich nun nicht kämmen oder bürsten lassen, können Sie Ihrer Katze ein paar Haare abringen, indem Sie Ihre Hände befeuchten und mit den feuchten Händen über das Fell streichen. Wenn sie das zulässt, können Sie das Fell richtig durchkneten und mit den Fingern hindurchfahren. An den feuchten Händen bleiben die losen Haare besser hängen als an trockenen. Diese Methode befreit die Katze zwar nicht so effektiv von ausgefallenen Haaren wie ein Kamm oder eine Bürste, aber es hilft ein bisschen.

Urlaub – wohin mit Mieze?

Die meisten Menschen möchten nicht auf ihren Urlaub verzichten. Anders als bei Hunden gestaltet sich der gemeinsame Urlaub mit Katze etwas komplizierter. Machen Sie sich am besten rechtzeitig Gedanken, wer Ihre Katzen versorgen soll und lernen Sie Sitter und Pensionen im Vorfeld kennen.

MITREISEN ODER ZU HAUSE BLEIBEN?

Wenn Ihre Katze es nicht von Anfang an gewöhnt ist, mit Ihnen im Ferienhaus Urlaub zu machen und diese Ausflüge zu genießen, sollten Sie ihr den Stress des Ortswechsels ersparen. Selbst Katzen, die es von klein auf kennen, haben, je nach Charakter und Aufgeschlossenheit, mehr oder weniger Probleme damit, ihre Menschen in den Urlaub zu begleiten, angefangen mit der Autofahrt. Sollten Sie Ihre Katzen mitnehmen wollen, erkundigen Sie sich rechtzeitig über notwendige Impfungen und Einreisebestimmungen, über tierärztliche Versorgung vor Ort und über rechtliche Belange: Werden z. B. Schäden von Ihrer Versicherung abgedeckt, die Ihre Katze im Ferienhaus verursacht oder wenn sie entwischt und einen Unfall verursacht?

KATZENPENSION

Katzen sind normalerweise sehr stark an ihr Revier gebunden und fühlen sich dort am wohlsten, selbst wenn ihre Menschen nicht da sind. Ein Ortswechsel bedeutet Stress für sie, zusätzlich zur Trennung von den Bezugspersonen, die an sich schon stressig ist. Die Katze kann nicht wissen, dass ihre Menschen wiederkommen und der Aufenthalt in einer Pension nur vorübergehend ist. Sie muss sich in der neuen Umgebung zurechtfinden und muss sich womöglich mit anderen Tieren auseinandersetzen. Viele Pensionen bieten auch Einzelhaltung an. Dort, wo mehrere Tiere zusammenkommen und sich die Gruppenzusammensetzung ständig ändert, stehen die Tiere unter Anspannung. Neuankömmlinge können oft nicht so langsam in die bestehende Gruppe integriert werden, wie es sinnvoll wäre, denn der Integrationsprozess würde in den meisten Fällen länger dauern, als der Aufenthalt in der Pension. Da unter Stress das Immunsystem weniger leistungsfähig ist, kann durch wechselnde Gruppenhaltung eine größere Ansteckungsgefahr durch Krankheiten oder Parasiten bestehen.

Der Vorteil ist, dass Katzenpensionen unter veterinäramtlicher Aufsicht stehen, also sowohl eine Erlaubnis nach Tierschutzgesetz §11 benötigen als auch regelmäßig kontrolliert werden.

GUTE PENSIONEN

In einer guten Pension beschäftigen sich die katzengeschulten Mitarbeiter mehrmals täglich mit den Pensionsgästen, kuscheln und spielen oder leisten einfach nur Gesellschaft, je nach Bedarf des Gastes. Der Platz ist ausreichend, es gibt viele Versteckmöglichkeiten auf allen Ebenen, keine Sackgassen, jede Katze hat ihren eigenen Futternapf, sie erhalten ihr gewohntes Futter sowie eine Decke mit dem Zuhause-Wohlfühlgeruch. Die Klos werden mehrmals täglich gereinigt. Es gibt in den Einzelzimmern große Fenster zum Hinausschauen. Die Katzen, die Sie bei Ihrem Vorabbesuch dort sehen können, sind entspannt und fühlen sich wohl. Es gibt keinen auffallenden Geruch nach Katzenurin oder scharfen Reinigungsmitteln. Der Betreiber erwartet eine aktuelle Impfbescheinigung und nimmt sich Zeit, Ihnen die Pension zu zeigen und mit Ihnen über die Besonderheiten Ihrer Katzen zu sprechen.

Zu Hause ist es doch am schönsten!

HAUSBESUCH DURCH CATSITTER

Die Betreuung in den eigenen vier Wänden bietet viele Vorteile. Der Katze wird der Stress durch einen Ortswechsel erspart. Ihre Abwesenheit erzeugt bei Ihrem Stubentiger ohnehin eine gewisse Unsicherheit – Katzen sind nun einmal Gewohnheitstiere. So bietet ihnen zumindest ihr gewohntes Revier Sicherheit. Außerdem hat die Katze keinen Kontakt zu fremden Tieren und ist somit nicht der Ansteckungsgefahr durch Krankheiten oder Parasiten ausgesetzt. Vor allem für ängstliche Katzen ist die Betreuung zu Hause die bessere Alternative. Das leisten mobile Katzensitter, die Ihre Katze ein oder zweimal täglich besuchen, sie füttern, die restliche Grundversorgung sichern und sich im besten Falle auch mit ihr beschäftigen.

GUTE CATSITTER

Ein guter Sitter kommt vorab zu Ihnen, sodass Sie sich kennenlernen können, denn das Bauchgefühl muss stimmen. Immerhin übergeben Sie ihm Ihren Wohnungsschlüssel und die Verantwortung für Ihre Kätzchen. Er lässt sich alles zeigen (Futter, Eigenheiten der Katzen, Impfausweis, ...) und erklären, er füllt vielleicht sogar einen Fragebogen mit Ihnen aus und Sie unterschreiben einen Betreuungsvertrag, der zumindest die Eckdaten der Betreuung regelt. Außerdem achtet er auf Hygiene und hat ein gewisses fachliches Grundwissen über die Gesundheit von Katzen und über ihr Verhalten. So kann er erkennen, wenn es Ihrer Katze nicht gut geht und es Zeit für einen Tierarztbesuch ist. Er weiß auch, wie er sich möglichst freundlich und nett einer ängstlichen Katze gegenüber verhält und schnell Vertrauen schaffen kann. Mit agilen Katzen wird er spielen, damit sie ausgelastet sind.
Auch ein Erste-Hilfe-Kurs gehört zu den Qualifikationen dazu. Außerdem hat der Catsitter einen Notfallplan, sodass die Betreuungskatzen weiterhin versorgt werden, falls er ausfällt.

FAZIT

Bei beiden Möglichkeiten – Sitter oder Pension – gibt es große Unterschiede in der Qualität, der Qualifikation und der Leistung. Es ist also an Ihnen, sich vor der Betreuung ein Bild zu machen, die Pension oder den Sitter zu besuchen bzw. kennenzulernen. Stellen Sie Fragen, z. B. nach der Qualifikation, der Erfahrung oder auch nach der Reaktion in konkreten Situationen. So erkennen Sie, ob sich jemand bereits Gedanken über bestimmte Themen gemacht hat und Bescheid weiß. Jemand, der sein Handwerk versteht und mit Herz und Seele dabei ist, freut sich darüber, wenn Sie viele Fragen stellen, denn es zeigt, dass Ihnen Ihre Tiere am Herzen liegen und Sie nur die beste Betreuung für sie möchten.

Nur wenn Ihr Bauchgefühl stimmt, sollten Sie Ihre Katzen in die Verantwortung des Sitters oder der Pension übergeben.

Am besten ist es jedoch, wenn jemand, ein Verwandter oder ein katzenlieber Freund, während Ihrer Abwesenheit bei Ihnen einzieht, eine Person, die die Katzen schon kennen und mögen, sodass sie Gesellschaft haben und jemand ein Auge auf die Gesundheit und den allgemeinen Zustand haben kann. So verändert sich der Katzenalltag nicht wesentlich. In den meisten größeren Städten gibt es sogenannte „Catsitter-Clubs", deren Mitglieder auf gegenseitiger Basis die Betreuung der Katzen übernehmen: „Sittest du meine Katze, sitte ich deine." Achten Sie auch hier auf die Qualifikation.

Auch Beschäftigung und Spiel gehören zu einer guten Katzenbetreuung dazu.

Katzensicherer Haushalt

Katzen sind neugierige Tiere, die ihre Nase gerne überall hinein-
stecken. Dabei sind sie leider nicht immer in der Lage, die Gefahren,
die in unserer Menschenwelt lauern, zu erkennen. Daher ist es an uns,
potenziell gefährliche Dinge und Situationen im Vorfeld auszuräumen.

BALKON- UND FENSTERSICHERUNG

ABSTURZGEFAHR

Bitte sichern Sie in jedem Fall Fenster und
Balkone gegen Absturz. Katzen sind zum Teil
recht unbesonnen und erkennen manche Gefahren nicht. Vor allem dann nicht, wenn sie
im Jagdfieber sind. Auch wenn sie wissen,
dass es hinter der Balkonbrüstung hinunter
geht, kann ein beherzter Sprung hinter einem
Insekt her lebensgefährlich werden, weil ihre
Aufmerksamkeit auf die Beute gerichtet ist.
Ebenso können sie sich erschrecken, abrut-
schen und dabei abstürzen. Selbst wenn Ihre
Katze den Sturz unbeschadet übersteht, kann
sie sich so erschrecken, dass sie panisch da-
vonläuft und nicht zurückfindet.
Inzwischen gibt es unzählige Möglichkeiten,
Fenster und Balkone zu sichern. Es gibt im
Fachhandel brauchbares Zubehör und sogar
Firmen, die auf die Absicherung von Balko-
nen, Gärten und den Bau von Katzengehegen
spezialisiert sind. Mit etwas Einfallsreichtum
und handwerklichem Geschick lässt sich so
gut wie jeder Balkon ausbruchssicher vernetzen. Achten Sie unbedingt darauf, jede noch
so kleine Lücke zu schließen. Oft können wir
gar nicht so ungeschickt denken, wie Katzen
sich anstellen können, oder wir unterschätzen
sowohl ihre Sprungkraft als auch ihre Neu-
gierde, ihren Einfallsreichtum oder ihren
Willen, in die Freiheit zu gelangen.

KIPPFENSTER

Ebenso gefährlich sind gekippte Fenster. Ihre
Katze kann bei dem Versuch, nach draußen
oder drinnen zu gelangen, in den V-förmigen
Spalt zwischen Fensterrahmen und Fenster
rutschen. Dabei ziehen sich viele Katzen
schlimme innere Verletzungen zu, die tödlich
enden können. In der Regel können sie sich
nicht mehr aus dem Spalt befreien und rutschen beim Versuch immer tiefer hinein.
Es gibt inzwischen verschiedenste Kippfenster-
sicherungssysteme im Handel.
Weiterhin gibt es eine Art Riegel, mit dem
die Öffnungsweite des Fensters eingestellt
werden kann, sodass der Spalt zu klein und
damit ungefährlich ist. Dafür muss jedoch
der Fensterrahmen angebohrt werden. In
einigen Fenstern gibt es Klappen, die unabhängig vom Fenster geöffnet werden können.
Je nach Größe müssen auch diese gesichert
werden, wenn eine Katze hindurchpasst.

004

Zum Film:
Sicherheit
für Katzen

GIFTIGE STOFFE

Katzen können aufgrund ihres Stoffwechsels
Gifte weniger gut abbauen als andere Tiere
oder Menschen, sodass sich diese schneller
im Körper ansammeln und ihn vergiften.
In diese Kategorie gehören u. a. (kein An-
spruch auf Vollständigkeit):

— **Pflanzendünger:** sowohl pur als auch im
  Gießwasser oder Blumenuntersetzer.
— **Blumenwasser in Vasen:** Im Wasser lösen
  sich Giftstoffe von einigen Schnittblumen,
  sodass auch dieses Wasser gefährlich werden kann.
— **Viele handelsübliche Putzmittel:** Sorgen
  Sie dafür, dass diese sicher aufbewahrt
  werden. Wischen Sie mindestens einmal
  mit klarem Wasser nach und lassen Sie die
  Flächen abtrocknen, bevor Sie die Bereiche für Ihre Katze freigeben. Sonst kann
  es passieren, dass die Katze über die frisch
  gewischte Fläche läuft und sich anschließend die Pfoten putzt. Aufgrund dieser
  kleinen Mengen sind Vergiftungserschei-
  nungen möglich.
— **Körperpflegeprodukte für Menschen:**
  Räumen Sie Shampoo & Co. so gut weg,
  dass nichts umfallen und auslaufen kann.
  Schon kleine Mengen können gefährlich
  werden. Auch Cremes gehören dazu.
— **Medikamente** für Menschen oder andere
  Tiere sind nicht für Katzen geeignet!
  Gängige Arzneimittel für Menschen wie
  Acetylsalicylsäure (ASS), Ibuprofen oder
  Paracetamol sind für Katzen hochgiftig.
  Medikamente bitte nie auf eigene Faust
  anwenden und immer katzensicher weg-
  räumen.

Manchmal finden Katzen Dinge im Haushalt,

— **Tabak:** Bereits kleinste Mengen (ein Ziga-
  rettenstummel) sind aufgrund des Niko-
  tins hochgradig gefährlich.
— **Schokolade:** Sie ist aufgrund des enthalte-
  nen Theobromins stark giftig.
— **Frostschutzmittel:** Diese enthalten oft
  Diethylenglycol, was für Katzen sehr giftig
  ist.

WEITERE GEFAHREN-
QUELLEN

Katzen spielen leider mit Vorliebe mit Dingen, die nicht für sie bestimmt sind. Manche
Unfälle kommen selten vor, aber sie sind bereits geschehen. Hier folgt eine Aufzählung
möglicher Gefahrenquellen:

— Dinge wie Zahnseide, Ohrenstäbchen und
  Brotclips sind leicht verschluckbar, aber
  nicht verdaulich. Sie müssen allzu oft he-
  rausoperiert werden. Bitte vorsorglich
  wegräumen!
— Strangulieren durch herunterhängende
  Schnüre z. B. von Rollos

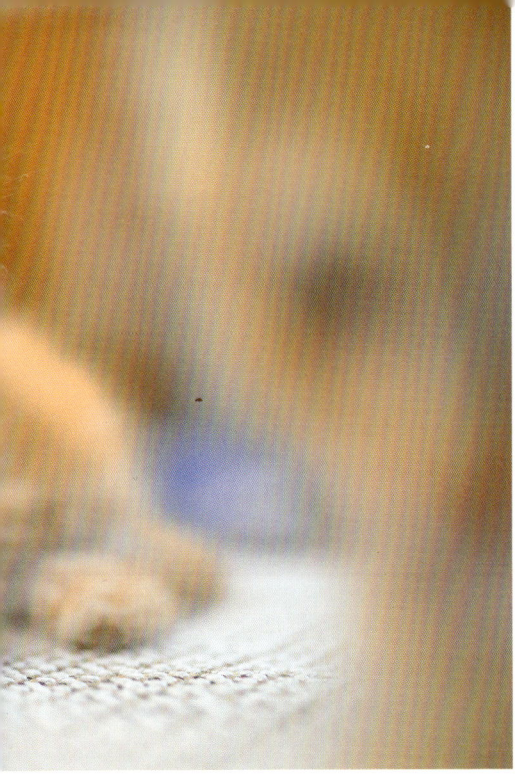

die ihnen gefährlich werden können.

— Henkel an der Papiertüte durch- oder abschneiden, Strangulationsgefahr
— Kabel in Kabelschächten verstecken, Gefahr eines elektrischen Schlags, wenn Katze damit spielt
— Einige Lebensmittel enthalten giftige Substanzen, z. B. bestimmte E-Stoffe, die Bestandteil von Konservierungsmitteln sind.
— Dinge aus Glas oder Porzellan können heruntergeworfen werden, es besteht Verletzungsgefahr durch die Scherben.
— Alle Kleinteile können verschluckt werden.
— Schnüre, die herunterhängen oder sich an Rücksäcken, Jacken oder Taschen befinden, können gefressen werden.
— Auch andere unverdauliche Dinge werden manchmal gefressen. Dazu gehören auch Plastikverpackungen oder Einkaufstüten.
— Schrank- oder Zimmertüren können zufallen und die Katze ein- oder aussperren. Legen Sie ein Handtuch oder einen dickeren Stoffstreifen so um beide Türklinken, dass der Schnappmechanismus der Tür verdeckt wird, so kann die Tür zumindest nicht zufallen.

— enge Spalten oder Lücken hinter oder unter Möbeln (z. B. Küchenzeile oder wenn zwei Schränke über Eck zusammengestellt wurden). Wenn Sie Schränke freigeben, achten Sie darauf, dass eine kleine Katze auf keinen Fall dahinter fallen kann.
— Offene Treppen und Geländer bergen eine Absturzgefahr. Gerade junge, unbedarfte Katzen laufen Gefahr, in unachtsamen Momenten abzustürzen.
— Waschmaschine und Trockner dienen manchen Katzen als Schlafplatz, vor allem, wenn sich Wäsche darin befindet. Unbedingt kontrollieren, bevor Sie die Maschinen einschalten.
— Heiße Herdplatten bergen Verbrennungsgefahr. Abhilfe schafft ein Topf mit kaltem Wasser auf der heißen Herdplatte.
— Ein heißes Bügeleisen niemals unbeaufsichtigt stehen lassen, Verbrennungsgefahr für neugierige Katzen.
— Das Gleiche gilt für Kerzen. Katzen können sich verbrennen, wenn sie die Kerze mit der Nase untersuchen. Die Schnurrhaare oder der Schwanz können die Flamme streifen.
— Nähnadeln, Reißzwecken, Pinnadeln, Büroklammern, Münzen, Nägel und alles andere Scharfkantige, das klein genug ist, um verschluckt zu werden, niemals unbeaufsichtigt liegen lassen. Diese Dinge verursachen im Magen-Darm-Trakt schlimme Verletzungen.

GEFAHREN FÜR FREIGÄNGER

Neben dem Straßenverkehr oder Giftködern drohen Katzen im Freigang leider weitere Gefahren. Sie können versehentlich in Schuppen, Keller oder Garagen geraten und dort eingesperrt werden.
Weiterhin sind Wassertonnen oder Brunnen gefährlich, da hineingefallene Katzen oft nicht aus eigener Kraft herauskommen.

005

Zum Film: Gefahren für Freigänger

Auch im Garten finden sich leckere Knabberpflanzen.

GIFTIGE UND UNGIFTIGE PFLANZEN
Giftige Pflanzen (alphabetisch sortiert):

Adlerfarn, Ahorn, Aloe, Alpenveilchen, Amaryllis, Anthurie, Avokado, Azalee, Bärenklau, Bärlauch, Begonie, Birkenfeige, Bogenhanf, Buchsbaum, Calla, Christrose, Clematis, Dieffenbachie, Drachenbaum, Efeu, Efeutute, Eibe, Eiche, Einblatt, Elefantenfuß, Engelstrompete, Fensterblatt, Fingerhut, Glücksbambus, Goldregen, Gummibaum, Herbstzeitlose, Hortensie, Hyazinthe, Kartoffel, Kiwi, Klee, Klivie, Knoblauch, Krokus, Lebensbaum, Lilie, Macadamia, Maiglöckchen, Mistel, Mohn, Narzisse, Oleander, Orchidee, Palmfarn, Palmlilie, Philodendron, Rhododendron, Schefflera, Schneeglöckchen, Schnittlauch, Stechpalme, Tabak, Tannennadeln, Tulpe, Weihnachtsstern, Wurmfarn, Yucca, Zamioculcas, Zimmerefeu, Zwiebel, Zypresse und viele mehr!

Ungiftige Knabberpflanzen:

Keimgräser von Weizen, Hafer, Roggen, Gerste und Hirse, junges Zyperngras (Cyperus zumula), kriechendes Schönpolster (Callisia repens), junger Zimmerbambus (Pogonatherum paniceum)

Sie können darin ertrinken. Sorgen Sie also für eine katzensichere Abdeckung.

Auch im Garten oder auf dem Feld werden Dünger und Schädlingsbekämpfungsmittel verteilt, die giftig für Katzen sind. Benutzen Sie nur ungefährliche Alternativen oder solche, bei denen Sie ganz sicher sind, dass keine Vergiftungsgefahr besteht. Erkundigen Sie sich im Zweifelsfall bei Ihrem Tierarzt oder einer Giftnotrufzentrale.

GIFTIGE PFLANZEN

Leider sind viele Pflanzen für Katzen giftig, sowohl Küchen- und Heilkräuter, als auch Zimmer-, Balkon- und Gartenpflanzen. Informieren Sie sich genau, welche Pflanzen ungefährlich sind.

Die Gefährdung Ihrer Katze hängt auch immer davon ab, wie knabberfreudig und neugierig sie ist. Wenn sie sich nicht sonderlich für Grünzeug interessiert, können Sie durchaus Pflanzen hinstellen, die nur in großen Mengen unbekömmlich oder gefährlich sind. Knabbert sie jedoch alles an, sollten Sie auch diese Pflanzen meiden. Die Dosis macht das Gift, wusste schon Paracelsus. Gehen Sie lieber auf Nummer sicher. Es gibt viele schöne Knabberpflanzen und ungefährliches Grünzeug, um Ihre Wohnung, Balkon und Garten zu verschönern.

Neue Zimmerpflanzen sind oft chemisch behandelt und sollten daher für Katzen unzugänglich aufgestellt werden. Das Gleiche gilt für Schnittblumen.

Mit etwas Kreativität finden sich Möglichkeiten, Pflanzen und Blumen für Katzen unzugänglich, aber für uns sichtbar, aufzustellen. Katzenhalter müssen nicht zwangsläufig auf Pflanzen und frische Blumen verzichten.

Katzen verstehen

Wenn Sie die Sprache Ihrer Kätzchen verstehen, können Sie angemessen auf ihre Signale reagieren und Missverständnisse vermeiden. So meistern Sie jede Situation.

Im Grunde lassen sich alle Signale, die eine Katze aussendet, auf zwei Aussagen reduzieren: Es geht zumeist darum, eine Distanz zu verringern, um etwas Schönes zu bekommen (Futter, Streicheleinheit, Nähe, Spielzeug, etc.) oder eine Distanz zu vergrößern, um etwas Schönes zu behalten oder sich zu schützen (jemand soll nicht näherkommen). Durch diese Distanzverringerung oder -vergrößerung wird eine Interaktion fortgesetzt oder beendet. Untereinander kommunizieren Katzen über Sichtmarkierungen, Gerüche und Geräusche, aber auch über Mimik, Gestik und Körperkontakt.

Geruchs-Check: Wer war vor mir hier?

HÖRBARE SIGNALE

Erwachsene Katzen kommunizieren innerartlich relativ wenig über Lautäußerungen. Zu den Situationen, in denen Katzen untereinander „laut" werden, gehören die Jungenaufzucht, alles rund um die Fortpflanzung sowie die Selbstverteidigung. Mit Menschen reden Katzen viel häufiger als mit ihresgleichen. Es wird vermutet, dass dies damit zusammenhängt, dass wir Menschen nicht ausreichend in der Lage sind, die eher subtilen Signale einer Katze zu deuten. In den Bereich der hörbaren Signale gehört die Lautsprache, aber auch Tätigkeiten, die Krach machen, wie Kratzen oder Scharren.

DUFTBOTSCHAFTEN

Zu den geruchlichen Signalen gehören sowohl die Kratz- und Urinmarken als auch Pfotenabdrücke. Pheromone werden aus Drüsen an den Pfoten abgesondert und bei jedem Schritt hinterlassen. Auch über Köperkontakt kommunizieren Katzen: Sie putzen sich gegenseitig oder reiben sich aneinander, um ihren Geruch in die Gruppe zu integrieren. Unterschätzen Sie die Macht der Geruchswelt nicht, in der unsere Katzen leben! Duftbotschaften sind vermutlich der wichtigste Katzen-Kommunikationsweg.

Katzen wenden das Miau gern bei Menschen an.

DER GESAMTEINDRUCK ZÄHLT!

Körpersprache zu deuten, ist wie ein Puzzle aus vielen Einzelteilen zusammenzusetzen: Nur im Zusammenhang ergeben die einzelnen Signale eine richtige Interpretation. So können verschiedene Signale verschiedene Bedeutungen haben. Katzen sind auch nicht immer eindeutig positiv oder negativ gestimmt, es gibt auch Mischformen, d. h. Konflikte zwischen zwei Handlungsoptionen. Sie wollen zum Beispiel kuscheln, trauen sich aber (noch) nicht. Sie sind in manchen Situationen genauso hin und her gerissen wie wir Menschen, was sich im Ausdrucksverhalten zeigt. Beachten Sie das, wenn Sie versuchen, die Körpersprache Ihrer Katze zu lesen und zu interpretieren.

PUPILLENGRÖSSE

Die Pupillengröße ist sehr stark lichtabhängig: Je dunkler es ist, desto größer werden die Pupillen. Darum eignen sie sich nur bedingt als Stimmungsindikator. Wenn Ihre Katze aber im hellen Licht auffallend große Pupillen hat, können Sie sicher sein, dass etwas nicht stimmt, von Schmerzen über Angst bis hin zu Adrenalinausschüttung aus verschiedenen Gründen kann es viele Ursachen haben. Beim Spiel oder der Jagd ist die Pupillengröße variabel: Unmittelbar vor dem Angriff sind die Pupillen kurz ganz weit gestellt.

LAUTSPRACHE

Schnurren: bei Wohlbefinden, aber auch bei Unsicherheit, Schmerzen, zur eigenen Beruhigung und der anderer Katzen, zur Beschwichtigung, bei Aufregung, schweren Erkrankungen, der Geburt und sogar im Sterbeprozess. Katzen schnurren gezielt zur Kommunikation mit dem Menschen.

Gurren: wie ein rollendes Miau, Begrüßungslaut

Fauchen: Drohung, dient der Distanzvergrößerung und Verteidigung

Knurren: Drohung, ernster gemeint als Fauchen

Spucken: explosionsartiges Ausstoßen von Luft bei Schreck, Angst oder Panik

Miauen: sehr variabel, von einfach bis komplex, von leise bis sehr laut, meist gegenüber dem Menschen

Jaulen / Singen: selten gegenüber Menschen, langgezogenes Jaulen, sogenannte „Katergesänge", aber eher wütendes, offensives Drohen

Angst- oder Schmerzschrei: durchdringendes Schreien bei Angriff, Schreck oder Schmerz

Meckern / Schnattern: aufgeregtes Geräusch mit klapperndem Kiefer beim Anblick von unerreichbarer oder gefährlicher Beute

Schnaufen: leises, drohendes Luftausstoßen, um einen zu engen Kontakt zu beenden, manchmal auch frustrationsbedingt.

ACHTUNG, ANGRIFF!

Eine Katze kann sowohl nach Abwehr- als auch nach Angriffsdrohung angreifen. Außerdem hängt es von ihrem Charakter und ihrer bisherigen Erfahrung mit der jeweiligen Situation ab, ob sie ihre Drohung in die Tat umsetzt. Zeichen, die auf einen kommenden Angriff hindeuten können, sind:
— erhobene Pfote, Schlagandrohung,
— stark peitschender Schwanz,
— gesträubtes Fell,
— Knurren, Fauchen oder Jaulen,
— angelegte oder seitlich nach hinten gedrehte Ohren,
— Schwanz erhoben, Spitze zeigt nach hinten (wie ein kopfstehendes U),
— zusammengekauerte Körperhaltung, Rückenlage mit ausgestreckten Pfoten oder durchgestreckte Hinterbeine,
— Katze starrt Sie an (Drohung) oder Katze schaut demonstrativ weg (sie möchte eine Distanzvergrößerung).

ZEITLUPE
Katzen bewegen sich in Zeitlupe, wenn sie einen drohenden Angriff abwenden wollen, unsicher sind oder auf dem Rückzug. Manchmal gehen sie dabei auch rückwärts.

Blinzeln – das „Lächeln unter Katzen".

In Rückenlage ist man wehrhaft!

Das Katzenbaby genießt die Berührung an der Wange sichtlich, es drückt sein Köpfchen gegen den Finger.

FREUNDLICHES VERHALTEN

Können wir Menschen überhaupt „Kätzisch" sprechen und auf Katzenart mit unseren Stubentigern kommunizieren? Die Antwort ist ein klares „Jein". Katzen unter sich kommunizieren sehr subtil, wir bekommen von ihren Signalen eher wenig mit. Zudem benutzen sie Körperteile, die uns fehlen oder derart verkümmert sind, dass sie nicht mehr zur Kommunikation geeignet sind. Ich denke an den Katzenschwanz, die Schnurrhaare oder die extrem beweglichen Ohren.

Es gibt aber eine universelle Körpersprache, die zeigt, dass wir nichts Böses im Schilde führen. Diese Gesten und Verhaltensweisen werden artübergreifend verstanden, sie gelten auch für andere Tiere.

UNIVERSELLE GESTEN

Wenn ein Tier ein anderes Tier geflissentlich ignoriert, also absichtlich in der Gegend herumschaut, nur nicht zu seinem Gegenüber hinsieht, den Kopf wegdreht, den Körperschwerpunkt in die andere Richtung verlagert, dann versucht es, sein Gegenüber zu meiden, alle Zeichen stehen auf „ich will dir nichts tun, ich bin nicht gefährlich" oder „bitte tu mir nichts".

Ein Blinzeln hat dieselbe Funktion: Der Blickkontakt wird kurz unterbrochen. Versuchen Sie mal, Ihre Katzenkinder langsam anzublinzeln. Ihre Katze wird es Ihnen gleichtun. Dieses Blinzeln wird auch oft als das „Lächeln der Katzen" bezeichnet.

Seien Sie unaufdringlich und lassen Sie die Kätzchen auf Sie zukommen. Zwingen Sie sie nicht, sondern lassen Sie ihnen die Zeit, die

Schauen Sie stattdessen Ihre Katze an, blinzeln ein oder zwei Mal und schauen dann wieder weg. Das zeigt Ihrer Katze Ihre freundlichen Absichten. Sie können sie weiterhin aus den Augenwinkeln beobachten.

FREUNDLICHE KONTAKTAUFNAHME

Um nett Kontakt aufzunehmen, können Sie sich auf den Boden setzen und warten. Wenn Ihre Katze auf Sie zukommt, können Sie ihr Ihre Hand anbieten, damit sie daran schnuppern kann. Sollte es notwendig sein, Ihre Katze mit Gegenständen zu berühren, zum Beispiel beim Bürsten, geben Sie ihr Gelegenheit, den Gegenstand zu untersuchen und sich von seiner Ungefährlichkeit zu überzeugen. Das gilt später auch für den Tierarztbesuch und das Berühren mit dem Stethoskop und anderen Instrumenten.

Gewöhnen Sie Ihre Katze von Anfang an daran, dass sie manchmal hochgenommen und festgehalten wird. Zeigen Sie ihr, dass es schnell vorbei ist und nichts weiter passiert. Kündigen Sie das Hochheben an. Wenn sie weiß, was gleich passiert und nicht überrascht wird, erschrickt sie nicht so leicht. Überfallen Sie Ihre Katzen niemals auf dem Katzenklo oder im Schlaf, weil die Gelegenheit, sie zu erwischen, gerade günstig ist. Vergessen Sie die Belohnungen für das Aushalten des Hochhebens nicht, denn es muss sich für die Katze lohnen.

sie brauchen, um aufzutauen. Setzen Sie sich auf den Boden, machen Sie sich klein, sodass Sie weniger bedrohlich wirken.

Sollten Sie ein unsicheres Kätzchen aufgenommen haben, vermeiden Sie laute und plötzliche Geräusche sowie hektische Bewegungen, so gut Sie können. Katzen sind normalerweise nicht aus Zucker, jedoch sollten Sie versuchen, ihnen die erste Zeit so angenehm und stressfrei wie möglich zu gestalten, das hilft bei der Eingewöhnung in ihr neues Leben bei Ihnen.

Vermeiden Sie bitte auch, Ihre Katzen anzustarren, das heißt, sie länger und starr anzublicken. Längerer, direkter Blickkontakt gilt unter Katzen und anderen Tieren oft als unfreundlich und reicht von einer Provokation bis hin zu einer Bedrohung mit der Ankündigung zu weiteren unhöflichen Taten.

KATZE RICHTIG HOCHHEBEN

Am besten geht das, wenn Sie seitlich oder leicht hinter Ihrer Katze stehen oder hocken. Greifen Sie mit einer Hand von hinten unter den Vorderbeinen durch und halten Sie die Katzenbrust mit gespreizten Fingern, sodass die Pfoten zwischen Ihren Fingern liegen. Die andere Hand wird unter den Po geschoben. Nun heben Sie die Katze mit beiden Händen gleichzeitig und vorsichtig hoch.

ALLES BÖSE KOMMT VON OBEN

Zeigen Sie Ihren Katzen, dass Sie nett sind, indem Sie einen Bogen laufen, anstatt direkt auf sie zuzugehen. Steigen Sie nicht über sie, wenn sie im Weg liegt, sondern lotsen Sie sie mit Hilfe von Leckerchen oder Spielzeug aus dem Weg. Beugen Sie sich nicht von oben über sie. Alles was von oben kommt, bewertet ihr Gehirn als mögliche Gefahr. Gehen Sie stattdessen neben ihr in die Hocke. Schnelle, plötzliche Bewegungen werden als Bedrohung wahrgenommen und können einen Angriff auslösen.

Das klingt nun im ersten Moment nach einem riesigen Aufwand. Keine Bange, nur weil man einmal über seine Katze steigt, stirbt sie nicht gleich. Und nur weil sie sich einmal erschreckt, ist die Beziehung zu ihrem Menschen nicht unwiederbringlich zerstört. Mit der Zeit gewöhnen sich Katzen an uns trampelige Menschen. Bei den meisten Exemplaren ist es später kein Problem, dicht an ihnen vorbeizulaufen oder sie auch mal unangekündigt hochzunehmen. Jedoch fehlt uns Menschen oft das Verständnis für unsere viel kleineren Mitbewohner, und so möchte ich Sie ein we-

nig für das Empfinden einer Katze gegenüber unserem menschlichen Verhalten sensibilisieren. Jedoch gibt es auch jene Katzen, bei denen man ein Katzenleben lang vorsichtig und achtsam sein muss, um unnötigen Stress zu vermeiden.

SIGNAL AN DIE KATZENPFOTE

Bei dieser Übung lernt Ihre Katze, dass Sie sie nur streicheln, wenn sie das auch wirklich möchte. So erhält sie die Möglichkeit, Ihnen mitzuteilen, dass sie gerade geknuddelt beziehungsweise eben nicht mehr angefasst werden möchte. Dadurch erhält die Katze die alleinige Kontrolle über die Streichelsituation zurück. Kontrolle zu haben, gibt ihr Erwartungssicherheit. Unsere Katzen lernen, dass sie Einfluss auf ihr Leben und uns haben und unserem Willen nicht „ausgeliefert" sind. Ich liebe diese Übung und setze sie bei meinen Katzen ein, seit ich sie auf einem Katzenseminar bei Christine Hauschild kennengelernt habe.

WARUM SOLL MEINE KATZE KONTROLLE ZURÜCKBEKOMMEN?

Wir Menschen bestimmen nahezu alles im Leben unserer Katzen:

— Mit wem sie zusammenleben,
— was, wann und wo es zu Essen gibt,
— wo sie sich aufhalten dürfen (Tische sind meist tabu),
— wer ihr Revier betritt oder verlässt (menschlicher oder tierischer Besuch),
— wer wann und wie mit ihr spielt,
— Körperkontakt ja / nein und wie lange,
— wieviel Zeit wir ihnen täglich widmen,
— ob und mit wem sie sich fortpflanzen darf.

Diese Liste lässt sich vermutlich unendlich weit fortführen. Unsere Katzen haben kaum eine Wahl, sie müssen sich arrangieren. Manche Katze kommt mit diesem Kontrollverlust besser klar, andere schlechter. Die Katzen, die weniger gut klarkommen, entwickeln unter Umständen Verhaltensweisen, die für uns Menschen problematisch sind. Sie haben gelernt, dass Kommunikation auf der netten Ebene mit Menschen nicht funktioniert, darum werden sie deutlicher. Sehr schnell lernen sie, dass Menschen nur Grobheiten verstehen: Fauchen, Knurren, Beißen, Kratzen – oder Weggehen.

Wenn unsere Katzen nun ein Stück weit die Kontrolle über die eine oder andere Situation zurückerhalten, lernen sie, dass sie mit ihrem Verhalten etwas bewirken können, zum Beispiel, dass ihr Mensch aufhört, sie zu streicheln, wenn sie darum bittet.

Wir respektieren ihre Bedürfnisse und bringen sie gar nicht erst in die Situation, dass sie deutlicher klarmachen müssen, dass ihnen etwas nicht gefällt. Wir bleiben in unserer Kommunikation mit unseren Katzen auf einer sehr respektvollen und freundlichen Ebene.

Einvernehmliches Kuscheln entspannt beide: Mensch und Katze!

PETTING & BITING

Viele Katzenhalter kennen das: Sie schmusen mit Ihrer Katze, sie schnurrt, alles ist gut, und plötzlich, wie aus dem „Nichts" dreht sie sich um und kratzt oder beißt in die streichelnde Hand ihres liebsten Menschen. Ich kann Sie beruhigen, dieses Verhalten ist eine normale Reaktion und wird in der Fachsprache als „Petting and Biting" – Streicheln und Beißen – bezeichnet.

Dafür gibt es zwei Erklärungsmöglichkeiten: Es scheint nur so, dass der „heimtückische Angriff" aus dem Nichts kam, denn bevor eine Katze grob wird, versucht sie, die für sie unangenehme Situation nett zu lösen, indem sie durch ihre Körpersprache versucht, deutlich zu machen, dass sie das, was da gerade geschieht, nicht gut findet.

01

DUFTWELT

Wenn Sie beim Putzen an Türrahmen, Tisch- und Stuhlbeinen schwarze Schlieren finden, putzen Sie diese nicht bitte weg. Dabei handelt es sich um in mühsamer Kleinarbeit angebrachte Wohlfühlduftstoffe Ihrer Katze, die ihr das Gefühl von Heimat und Sicherheit vermitteln. Starke, vor allem künstliche Gerüche sind für viele Katzen ein Graus. Das gilt für duftende Katzenstreu, Handseifen, Cremes und andere Pflegeprodukte, aber auch für Putzmittel und Raumduftspender und -sprays. Am besten ist es, Sie verwenden diese Dinge gar nicht, das schont die empfindliche Nase Ihrer Katze. Besonders stark duftende Stellen, die so gar nicht nach Katze riechen, können sie dazu animieren, sie überzumarkieren.

02

Leider sind wir Menschen oft nicht feinfühlig genug, um sie zu verstehen.

Aufgrund dessen haben viele Katzen gelernt, dass es nichts bringt, nett zu bitten, daher werden sie gleich grob. Sie haben gelernt, dass Fauchen, Knurren, Beißen oder Kratzen besser funktioniert, im Gegensatz zu Kopfabwenden, weglehnen oder starken Schwanzbewegungen.

03

04

Viele Katzen lieben es, in der Nähe ihrer Menschen zu sein oder sich anzukuscheln und so zu schlafen. Wir Menschen interpretieren dieses anschmiegsame Verhalten oft als ein Bedürfnis nach Streicheleinheiten. Dabei vergessen wir, dass es den Katzen oft um Nähe geht, aber nicht darum, angefasst zu werden. Beobachten Sie einmal Ihre Katze beim Streicheln: Was macht ihr Schwanz, wie sehen ihre Ohren und Augen aus? Ist sie wirklich entspannt, oder mischt sich langsam Anspannung in ihre Mimik und Gestik?

AUFBAU DER ÜBUNG

Halten Sie Ihrer Katze die Hand ganz locker hin, wie zum Kennenlernen. Mit großer Wahrscheinlichkeit wird sie ihren Kopf dagegen stubsen oder ihn an der Hand reiben. Wenn sie das tut, streicheln Sie sie ein, zwei, drei Mal. Dann nehmen Sie die Hand kurz weg und bieten Sie ihr wieder zum Dagegenstubsen an. Stubst sie erneut, dann dürfen Sie sie streicheln. Diesen Ablauf wiederholen Sie so lange, bis Ihre Katze Sie nicht mehr anstubst. Durch dieses Vorgehen lernt sie schnell, dass sie die Kontrolle über den Körperkontakt hat. Natürlich braucht es mehrere Wiederholungen, bis sie verstanden hat, dass Sie sie nicht steicheln, wenn sie nicht stubst. Sie werden merken, dass Ihre Katzen sich mit der Zeit mehr in Ihrer Nähe aufhalten werden.

01 *Oh, ja, streicheln!*

02 *Die Hand fragt: „Möchtest Du noch?"*

03 *Das Kätzchen lernt noch, was der Finger bedeutet, und fragt, ob es damit spielen kann.*

04 *Hat es die Übung verstanden, kann es selbst bestimmen, wann und wie lange es gestreichelt werden möchte und wann es gut ist.*

1 x 1 der Katzensprache

— Expertenrat von Christine Hauschild

Hier geht es um die Interaktion zwischen Mensch und Katze. Ihre Katze zeigt Ihnen genau, wie sie sich fühlt, wenn Sie sie berühren. Achten Sie auf diese Zeichen, dann kommt es zu keinen Missverständnissen.

Das Kätzchen ist neugierig: Was es wohl zu entdecken gibt?

GRÜN: ENTSPANNUNG

Ihre Katze ist entspannt und fühlt sich wohl.
— Die Katze schnurrt und zeigt andere „Wohlfühlzeichen".
— Sie blinzelt langsam,
— sie schmust oder gibt Köpfchen,
— sie seufzt, gähnt oder streckt sich genüsslich, schließt die Augen,
— sie weicht nicht aus, auch nicht mit einzelnen Körperteilen,
— sie nimmt eine bequeme Körperhaltung ein, liegt z. B. entspannt auf der Seite
— sie liegt auf dem Rücken und wälzt sich,
— sie lehnt sich an Sie,
— die Pupillen sind normal groß,
— die Schnurrhaare sind in entspannter Haltung,
— die Ohren sind aufgestellt und locker nach vorne gerichtet.

— der Schwanz ist ruhig bzw. nicht bewegter als sonst. Zur Begrüßung ist er erhoben. In neutraler Stimmung hängt er locker herunter mit der Spitze knapp über dem Boden.
— Der Körper fühlt sich weich und geschmeidig an.

GELB: ANSPANNUNG

Ihre Katze beginnt, sich unwohl zu fühlen.
— Die Katze kneift die Augen zusammen,
— sie stößt hörbar und stoßweise die Luft aus,
— sie zieht den Kopf zurück, dreht ihn weg oder versucht, den berührten Körperteil zu entziehen,
— sie duckt sich, macht sich klein,
— sie gähnt mehrmals in schneller Folge,
— sie starrt Sie an (Fixieren, Drohen)
— sie schnurrt ohne andere Anzeichen von Entspannung,
— sie wird in ihren Bewegungen steifer als sonst,
— sie verlagert den Körperschwerpunkt von Ihnen weg,
— die Pupillen sind leicht geweitet (Lichtverhältnisse beachten),
— die Ohren sind stark gespitzt und enger als sonst auf dem Kopf zusammengezogen oder bewegen sich unabhängig voneinander
— die Schnurrhaare sind eng angelegt oder ungewöhnlich weit nach vorne abgespreizt
— der Schwanz bewegt sich schneller oder ruckartiger als sonst (Schwanzzucken),
— das Fell stellt sich am ganzen Körper oder entlang des Rückens auf.

ROT: GRENZÜBERSCHREITUNG

Ihre Katze ist gestresst, bitte unterbrechen Sie die Interaktion mit ihr oder bieten ihr etwas Schönes an, um die Situation zu verbessern.
— Die Katze verweigert ihr Lieblingsfutter,
— sie erschrickt, zuckt zusammen oder schnellt zurück,
— sie starrt Sie an (Fixieren, Drohen),
— sie streckt den Kopf gerade nach vorne oder hält ihn leicht nach unten (Drohung)

Da war etwas! Schnell hin und nachsehen.

— sie macht einen Katzenbuckel,
— sie wird ganz steif (auch Beine durchdrücken), erstarrt regelrecht oder macht sich ganz klein,
— sie läuft weg oder weicht mehrere Schritte zurück,
— sie liegt in Rückenlage oder auf der Seite und streckt ihre Pfoten mit ausgefahrenen Krallen vor,
— sie faucht oder knurrt,
— sie beißt, kratzt oder schlägt mit der Pfote,
— sie greift Sie oder einen Mitbewohner (kurz) nach der Interaktion an,
— die Ohren sind flach an den Kopf angelegt oder nach hinten gedreht, sodass sie von vorne nicht mehr sichtbar sind,
— das Fell ist aufgestellt, bis hin zum „Flaschenbürsten"-Schwanz,
— die Pupillen sind stark geweitet (Lichtverhältnisse beachten),
— der Kopf zuckt zu Ihrer Hand oder einem Gegenstand hin, als ob sie beißen will.

Spiel, Spaß und Schule

— Beschäftigung und Erziehung

Enrichment – Abwechslung im Katzenalltag

Enrichment heißt so viel wie Bereicherung. Gemeint ist damit, den Lebensraum und den Alltag unserer Katzen interessanter zu gestalten, ihnen Aufgaben zu geben, sie geistig zu fordern und zu fördern. Auch Katzen macht es glücklich, wenn sie etwas zu tun haben, sich z. B. einen Teil ihrer täglichen Ration erarbeiten können.

WARUM IST ENRICHMENT WICHTIG?

Unsere Katzen leben heute auf eine andere Art und Weise mit uns zusammen, als noch vor einigen Jahren oder Jahrzenten. Das gilt insbesondere für reine Wohnungskatzen. Manchmal ist es nicht möglich, ihnen Freigang zu gewähren. Dann ist es an uns, sie auszulasten. Obwohl Katzen recht lange schlafen, verbringen sie die restliche Zeit mit allerlei Betätigungen:
— Sie gehen jagen, lauern ihrer Beute auf, fangen, töten und verspeisen sie.
— Sie vertreiben sich die Zeit mit Spielen, Beobachten, Umherstreifen und Reviersicherung.
— Sie dösen in der Sonne und pflegen soziale Kontakte und Freundschaften zu anderen Katzen und Menschen.
Katzen haben noch einen hohen „Wildtieranteil" in den Genen. Trotzdem erwarten wir, dass sie ihr Katzenklo benutzen, nichts kaputtmachen und sich möglichst nur dort aufhalten, wo wir sie haben möchten. Sie sollen mit ihren menschlichen und tierischen Mitbewohnern auskommen, ihr Futter aufessen und nicht betteln. Wir wünschen uns, dass sie unsere Nähe suchen und sich jederzeit von uns streicheln und knuddeln lassen. Und zu guter Letzt sollen sie so wenig Arbeit wie möglich machen.

Das ist eine ganze Menge! Wir erachten diese außerordentlichen Leistungen als selbstverständlich. Dementsprechend reagieren wir oft erst, wenn etwas nicht wie am Schnürchen läuft. Auf die eigentlichen Bedürfnisse der Katze nehmen wir nicht immer Rücksicht. Leider wird die Katze nur allzu oft nicht als das verstanden, was sie ist: Ein Lebewesen mit Bedürfnissen, das genauso wenig aus seiner Haut kann, wie wir.

ANREIZE GEBEN

Verstecken Sie Leckerchen in der ganzen Wohnung, z. B. auf dem Fensterbrett, dem Kratzbaum, hinter Tisch- oder Stuhlbeinen. Deponieren Sie jeweils nur ein paar Brocken. So müssen sich Ihre Katzen etwas bewegen, um an ihre Snacks zu kommen. Damit wird der tägliche Kontrollgang durchs Revier nachgeahmt.

Beginnen Sie damit, das Futter in Anwesenheit Ihrer Katzen zu verteilen. Später werden die Brocken heimlich versteckt.

RUPFTÜTEN UND CO.

Legen Sie ein paar Leckerchen in eine Frühstückstüte aus Papier und knicken den offenen Rand um, sodass die Tüte geschlossen ist. Ihre Katzen können die Leckerchen dann auspacken und verspeisen.

Zum einen sind Ihre Katzen mit dem Rupfding eine Weile beschäftigt, zum anderen können sie Beute machen. Ein wesentlicher Spaßfaktor ist das Zerstören der Verpackung, um an die Leckerlis zu kommen. Es eignen sich auch Klo- und Küchenrollen, deren Enden Sie nach dem Befüllen locker mit Papier zustopfen können. Machen Sie ein paar Löcher hinein, so ist der Inhalt besser riechbar.

ZERSTÖRUNG ERWÜNSCHT!

Viele Katzen finden es unglaublich witzig, die Klorolle abzurollen. Bieten Sie Ihren Katzen eine Rolle an, auf der noch ein halber bis ein Zentimeter Papier ist. Am besten montieren Sie einen separaten Halter dafür. So besteht keine Verwechslungsgefahr mit der Befestigung im Badezimmer. Ihre Katze darf nun nach Herzenslust abrollen und das Klopapier zerstören.

ABREAGIEREN

Es gibt Kratzmöbel aus Wellpappe, die sich wunderbar zerfetzen lassen. Ein Vorteil des „mutwilligen Zerstörens" ist, dass die Katze ihre Erregung abreagieren kann. Das gilt sowohl für die Wellpappe als auch für Spielzeuge, die groß genug sind, um sie mit den Vorderpfoten festzuhalten und mit den Hinterpfoten zu verhauen.

FAZIT

Werden Sie kreativ und überraschen Sie Ihre Katzen mit neuen Dingen, die sie untersuchen können. Räumen Sie Spielzeuge weg, bevor sie uninteressant werden, und bieten Sie etwas „Neues" an. Tauschen Sie nach einer Weile. So gibt es immer wieder etwas „Neues" zu entdecken und die Sachen bleiben spannend.

Ein selbstgebasteltes Spielzeug wie dieses regt zum Untersuchen und Plündern an.

Spielen

Das Bedürfnis nach Spielen ist ein ganz wesentlicher Bestandteil unserer Katzen, besonders aber von jungen Kätzchen. Sie schulen dabei Bewegungsabläufe, können Energien herauslassen und sich die Langeweile vertreiben. Es hält geistig und körperlich fit.

SPIELE OHNE MENSCHLICHE UNTERSTÜTZUNG

Es gibt Spielzeug, das auch ohne menschliche Mitwirkung funktioniert. Dazu gehören Fummelspielzeuge, elektronische Spielzeuge, aber auch Spielzeug, das durch seine Bauart dazu animiert, sich damit auseinanderzusetzen, z. B. Papierkringel oder Bällchen, aber auch Raschelkissen oder Ähnliches.

BÄLLCHENWANNE

Werfen Sie mehrere Bälle in die Bade- oder Duschwanne. Durch die Form der Wanne rollen die Bälle schon durch die Gegend, wenn sie leicht angestupst werden. Nimmt man mehrere Bälle, prallen sie aufeinander und rollen in verschiedene Richtungen. Dadurch sind die Bewegungen unvorhersehbar und werden interessanter für die Katze. Wenn Sie noch ein paar Leckerlies einstreuen, ist das Spiel perfekt.

SPIELSCHIENEN

Des Weiteren gibt es Spielschienen, in denen Bälle laufen (Catit Senses, Play'n'Scratch, ...). Auch hier kann man einige Leckerlis hineinlegen, um das kätzische Interesse zu wecken.

FUMMELSPIELE

Fummelspiele bieten der Katze eine tolle Möglichkeit, sich ihre Snacks zu verdienen, denn erarbeitetes Futter schmeckt gleich noch mal so gut. Es gibt zum Beispiel:

KRINGEL BASTELN

Nehmen Sie einen kleinen, quadratischen Notizzettel oder ein Blatt Papier und vierteln es auf Postkartengröße. Dann falten Sie eine kleine Ecke um. Reiben Sie ein paarmal hin und her, das macht das Papier weicher. Wenn der Anfang gemacht ist, können Sie das ganze Blättchen aufrollen, sodass eine ganz feste, dünne Rolle entsteht. Diese drehen Sie dann um den Finger, bis ein Kringel herauskommt.

Unter den Hütchen verstecken sich Leckerlis.

Mit etwas Übung kommt das Kätzchen an die Beute.

— **Fummelspiele:** Z. B. zusammengeklebte Klorollen, selbst gebaute oder gekaufte Fummelbretter, Futterbälle, etc. Es bieten sich auch leere Kartons mit Papier, Korken oder Tischtennisbällen gefüllt an, in denen sich Leckerchen verstecken lassen. Viele weitere Ideen finden Sie im Hundebereich und auf katzenfummelbrett.ch.

— **Fummeltüte oder Fummelkarton:** Schneiden Sie Löcher in eine Papiertragetasche, legen Sie Leckerchen hinein und los geht es. Achtung: Bei Papiertragetaschen immer die Henkel durchschneiden! Auch ein leerer Schuhkarton eignet sich. Schneiden Sie Löcher in die Wände und geben Sie Leckerchen hinein. Mit etwas Übung kann die Katze sie herausfummeln.

INTERAKTIVES SPIEL

Das Spiel miteinander und das Spiel mit Objekten, allein oder mit einem Menschen, sind für Katzen verschiedene Dinge. Sie brauchen beides, um zufrieden zu sein. Das Besondere am Spiel mit dem Menschen: Es macht nicht nur Spaß, es stärkt auch die Bindung, denn wer zusammen Spaß hat, arbeitet gleichzeitig an seiner Beziehung.

SPIELREGELN – SO BITTE NICHT

Tabu sind Spiele mit menschlichen Händen oder Füßen. Solange Ihre Katzen noch klein sind, ist es süß, wenn sie mit den Fingern kämpfen. Das ändert sich, wenn die Katzen größer werden, und Kraft, spitze Krallen und Zähne bekommen. Dass der Mensch dann ungehalten reagiert, verstehen sie nicht.

SO MACHT SPIELEN SPASS

Viele Menschen sind der Meinung, dass ihre Katzen gar nicht spielen wollen, doch das ist nur selten der Fall. Oft liegt es an der Spielweise des Menschen, auf die sich die Katzen nicht einlassen können. Versuchen Sie, die Vorlieben Ihrer Katze herauszufinden. Einige laufen gern einem Spielzeug hinterher, während andere am liebsten hinter Leckerchen herjagen. Für eine Katze ist es das Größte, minutenlang regungslos zu lauern, für eine andere ist das uninteressant, sie wünscht sich mehr Action im Spiel.

Das Kätzchen interessiert sich bereits für die Spielbeute.

Vorsichtig untersucht es das bunte Ding.

SPIELERISCHE JAGDERFOLGE

Für unsere Katzen gehört Spielen, Lauern und Jagen zum Leben wie das Atmen. Diese Verhaltensweisen sind in der Natur überlebensnotwendig und darum immer noch fest in ihren Genen verankert. Darum benötigen gerade Wohnungskatzen die Möglichkeit, diese Bedürfnisse auszuleben, sonst werden sie auf Dauer unglücklich.

Das Spielen mit dem Menschen hat für Katzen den Hintergrund, ihre Jagdmotivation auszuleben, es hält körperlich fit und geistig flexibel. Wir veranstalten also kleine Ersatzbeutespiele für unsere Kätzchen. Um eine glaubhafte Beute abzugeben, müssen Sie wissen, wie sich ein echtes Beutetier verhält, wenn es von einer Katze gejagt wird.

Egal welches Spiel – Ihre Katze gewinnt immer. Nicht sofort, denn das wird schnell langweilig, aber am Ende geht sie als Sieger hervor. Wenn sie keine Möglichkeit hat, Beute zu machen, wird sie das Interesse an diesem Spiel verlieren.

REGUNGSLOS LAUERN

Katzen sind Lauerjäger. Oft harren sie über eine Stunde regungslos vor einem Mauseloch aus. Der größte Teil der Jagd – das Lauern – spielt sich dabei im Kopf der Katze ab. Erst in letzter Sekunde springt sie los. Dieser Sprung ist die einzige Sequenz der Jagd, die für uns Menschen offensichtlich ist. Behalten Sie dies im Hinterkopf, denn wenn das Spiel wegen vermeintlichem Desinteresse der Katze in der Lauerphase abgebrochen wird, ist das für die Katze ziemlich blöd. Es besteht die Gefahr, dass sie bald frustriert reagiert oder die Lust am gemeinsamen Spiel verliert.

Für diese Art der Jagd sind geeignete Versteckmöglichkeiten für die Jägerin unerlässlich. Benutzen Sie dafür Kartons, zerknülltes Papier, ein Kissen auf dem Boden, Topfpflanzen, eine Decke über einem Stuhl, selbst eine Falte im Läufer reicht oft schon.

Sie können einen Spielzeug unter der Tür bewegen und um Sessel, Stuhlbeine oder andere Möbelstücke herumspielen.

Das Spielzeug wurde für gut befunden.

SICHERES UMFELD

Schaffen Sie zuerst eine entspannte Atmosphäre, denn je entspannter eine Katze ist, desto besser kann sie sich auf ein Spielchen einlassen. Sorgen Sie dafür, dass Sie weder von klingelnden Telefonen noch anderen Störungen beim Spielen unterbrochen werden. Im Mehrkatzenhaushalt bedeutet das, dass Sie sich Zeit für jede Katze nehmen sollten, wenn nötig, hinter geschlossener Tür, um allen Katzen gerecht zu werden, auch den zaghaften Spielern.

GUTE SPIELBEUTE

Eine Ersatzbeute, die sich wie echte Beute verhält und auch von der Größe her ähnlich ist, animiert die meisten Katzen sehr gut zum gemeinsamen Spielen. Die Größe einer Maus ist ein guter Anhaltspunkt.

Viele Katzen zeigen im Umgang mit echter Beute eine gewisse Vorsicht. Sie greifen diese immer von der Seite oder von hinten an, denn vorne haben auch Beutetiere Zähne, die einer Katze gefährlich werden können. Bewegen Sie also das Spielzeug nicht frontal auf Ihre Katze zu, sondern spielen Sie immer von ihr weg oder parallel zu ihr.

Eine Maus würde sich nicht über eine offene Fläche bewegen, das wäre viel zu gefährlich. Stattdessen läuft sie an Wänden, Kanten oder Gegenständen entlang, sodass ihr zumindest von einer Seite keine Gefahr droht. Sie huscht ein Stück, hält inne, schnuppert, huscht weiter, verschwindet hinter einer Ecke oder im Mauseloch – und genau in diesem Moment wird die Katze losspringen.

Bewegen Sie also das Spielzeug ein wenig, halten Sie dann inne, und bewegen es wieder, vielleicht ein wenig anders, als vor dem Innehalten. Diese Bewegungsabläufe erregen das Interesse Ihrer Katze. Besonders spannend wird es, wenn die Spielbeute hinter der Sofaecke oder unter dem Teppich verschwindet. Da kann kaum eine Katze widerstehen. Je unvorhersehbarer Sie die Spielbeute bewegen, desto spannender ist es für Ihre Katze.

Das Filzspielzeug wird vorsichtig angepfötelt.

SPIELIDEEN

SPIELZEUG JAGEN

Dafür eignen sich Bälle, Kringel oder Mäuschen. Bei zwei Menschen und ausreichend Platz, können Sie sich den Ball auch zurollen oder springen lassen, sodass die Katze ihn nach Herzenslust jagen kann. Manche Katzen tragen das Spielzeug sogar im Mäulchen zu Ihnen zurück.

MÄUSCHENSPIEL

Zaubern Sie ein kleines Spielzeug oder gut sichtbares Leckerli hervor und bewegen Sie es vor den Augen Ihrer Katze, mal ganz langsam, mal ruckartig, bis sie es gespannt mit den Augen verfolgt und Sie es plötzlich werfen. So kann Ihr Stubentiger seiner Beute auflauern, sie verfolgen, fangen und – falls es ein Leckerchen ist – auch fressen. Perfekt! Beginnen Sie mit kurzen Lauerphasen und steigern Sie diese langsam.

KEGELN ODER SCHNIPPEN

Kullern Sie ein Leckerchen über den Boden oder schnippen Sie es mit dem Daumen, sodass Ihre Katze hinterherjagen, es fangen und vertilgen kann. Auch dieses Spiel deckt verschiedene Elemente des Jagdverhaltens ab. Variieren Sie die Richtungen: Je unvorhersehbarer Sie für Ihre Katze sind, desto interessanter wird das Spiel.

KATZENANGELN

Katzenangeln gibt es in allen möglichen Farben, Formen und Bauarten. Eine Variation ist der „Catdancer®" (ein Draht, an dem einige Pappröllchen befestigt sind), der durch seine Beschaffenheit ebenfalls unvorhersehbare Bewegungen für die Katze ausführt, er erinnert an ein Insekt. Beliebt ist auch eine Reitgerte, ca. 1 Meter lang, mit einem kurzen Schnürsenkel an der Spitze. Die Gerte ist aufgrund ihrer Stabilität und Länge besonders gut für Stocherspiele geeignet. Eine weitere tolle Angel ist der „Da Bird®", eine flexible, lange Angel mit Schnur und Federn, die Flattergeräusche macht, wenn man sie schnell durch die Luft bewegt.

Mit Hilfe einer Katzenangel können Sie auch durch Hindernisparcours oder Kletterbaumlandschaften toben. Hier spielen die Katzen viel lieber, als auf dem blanken Boden.

PAPIERSPIELE

Mit Verpackungen oder Packpapier lässt sich wunderbar spielen, Hauptsache, es knistert schön. Legen Sie das Papier zu einem Haufen zusammen und werfen Sie dann ein Spielzeug oder Leckerchen hinein.

STOCHERSPIELE

Stochern Sie beispielsweise mit einer Reitgerte unter einem Teppich, einem großen Strandtuch oder einer Decke. Die Katze wird die bewegliche Beule fangen oder unter den Teppich kriechen wollen, um zu schauen, was los ist. Achten Sie wieder darauf, die Bewegungen nicht zu gleichförmig, sondern möglichst

006

Zum Film:
Spielideen.

unvorhersehbar für Ihre Katze zu machen. Langsame Bewegungen abwechselnd mit einem Zucken der Spielbeute finden die meisten Katzen toll.

COOL DOWN

Beenden Sie jede Spieleinheit mit einem Nachspiel, dem Cool Down. Jedes Spiel, das Spaß macht, sorgt für ein erhöhtes Erregungslevel. Wer eben noch wild gespielt hat und abrupt aufhören muss, weil der Spielpartner wegfällt, kann schnell frustriert sein. Frust sorgt bei Katzen oft dafür, dass sie Dinge tun, die uns Menschen nicht gefallen: Sie jagen menschliche Füße oder die Mitkatze, kratzen an unerlaubten Stellen oder zerfetzen etwas, um sich abzureagieren.

So geht's: Wechseln Sie rechtzeitig vom wilden Jagdspiel zu einem Lauerspiel, wie z. B. Stochern. Werden Sie dabei immer langsamer und ruhiger. Zum Schluss können Sie noch ein paar leichte Tricks abfragen, ein paar Leckerlis streuen oder auch ein wenig gemütlich kuscheln. Nach der Spieleinheit räumen Sie das Spielzeug am besten weg. In Ihrer Abwesenheit sollte Ihrer Katze durchaus Spielzeug zur Verfügung stehen, aber nur solches, das keine Verletzungsgefahr birgt.

Weiches Spielzeug eignet sich besonders gut zum Reinkrallen und Festhalten.

Kätzchenschule – wie Katzen lernen

Entgegen der noch immer verbreiteten Meinung, Katzen seien nicht erziehbar, zeigen viele Katzen jeden Tag, wie falsch diese Annahme ist: Mit der richtigen Methode lernen sie effizient, nachhaltig und mit viel Spaß Dinge von ihren Menschen, die man kaum für möglich hält.

LERNEN DURCH ERFOLG UND IRRTUM

Katzen lernen durch Erfolg und Misserfolg. Das heißt: Ein Verhalten, das sich für sie gelohnt hat, werden sie in der Zukunft häufiger zeigen, weil die Wahrscheinlichkeit groß ist, dass es sich wieder lohnt. Im Umkehrschluss bedeutet das, dass Verhalten, das nicht zum Erfolg geführt hat, künftig seltener gezeigt wird. Im Grunde lässt sich Katzenerziehung auf eine einfache Formel herunterbrechen: Sorgen Sie dafür, dass sich das Verhalten, das Sie sich von Ihrer Katze wünschen, immer für sie lohnt.

Die erste und wichtigste Regel lautet: Verhalten, das Sie gut finden, sollten Sie verstärken. Immer. Verhalten, das Ihnen nicht gefällt, sollte gar nicht erst auftreten. Tritt es trotzdem auf, wird es freundlich unterbrochen und in ein erwünschtes Verhalten umgelenkt. Auch über Management lässt sich Verhalten verhindern, bevor es gezeigt wird.

Verhalten nicht auftreten zu lassen, ist deshalb so wichtig, weil jede erfolgreiche Ausführung das Verhalten festigt. Im Gehirn der Katze wird die Nervenverbindung, die für dieses Verhalten angelegt wurde, verstärkt:

Es reicht manchmal schon aus, ein einziges Mal Erfolg zu haben. Die Katze wird es immer wieder versuchen, wenn die Freude über das Ergebnis groß genug war.

STRAFEN – SINN ODER UNSINN?

WARUM STRAFE NICHT BZW. NUR KURZFRISTIG FUNKTIONIERT

Strafe muss einigen Regeln folgen, damit die Katze eine Chance hat, zu verstehen, was wir ihr sagen möchten:

1. Strafe muss **unmittelbar** erfolgen, d. h. innerhalb von einer Sekunde nach Beginn der Tat eintreten, sonst kann die Katze ihre Tat nicht mit der Strafe in Verbindung bringen.
2. Strafe muss **immer** erfolgen, wenn die Katze das unerwünschte Verhalten zeigt, sonst lernt sie nur, dass es gefährlich ist, das Verhalten in Anwesenheit ihres strafenden Menschen zu zeigen. Sie wird sich dann einen anderen Ort oder eine andere Zeit, in der der Mensch nicht da ist, aussuchen, um das Verhalten zu zeigen.

Der Tisch ist oft eine Tabuzone. Katzen können lernen, das zu akzeptieren.

3. Der Strafreiz muss die **richtige Intensität haben:** Ist er zu schwach, verfehlt er seine Wirkung, weil die Katze ihn nicht als unangenehm genug empfindet. Ist er zu stark, stresst oder ängstigt er die Katze und erzeugt ein Meideverhalten dem strafenden Menschen, dem Ort oder der Situation gegenüber, in der gestraft wurde. Das kann wieder dazu führen, dass die Katze sich andere Orte oder Zeiten aussucht, um das Verhalten unbeobachtet auszuführen.

4. Die Gefahr von **Fehlverknüpfungen** ist groß. Wir können nicht vorhersagen, was die Katze mit dem Strafreiz verbindet. Katzen nehmen mehrere Reize gleichzeitig wahr. Kurz bevor die Katze z. B. mit der Wasserspritze gestraft wird, sieht sie die Mitkatze, gleichzeitig hört sie ein Geräusch, steht auf dem Teppich in der Nähe des Katzenklos, dessen Geruch sie wahrnimmt, und kratzt am Sofa (was der Mensch eigentlich bestrafen möchte). Wenn es ungünstig läuft, verbindet die Katze die Strafe beispielsweise mit dem Katzenklo, das sie zukünftig meiden wird. Dennoch kratzt sie weiterhin am Sofa. Oft werden anonyme Strafen empfohlen, dazu gehört die Wasserpistole. Katzen lernen schnell, dass es ungefährlich ist, wenn Sie keine Pistole in der Hand haben. Wenn Sie die Pistole verstecken, und der Schreck für die Katze aus dem Nichts herauskommt, wird sie mit hoher Wahrscheinlichkeit insgesamt sehr vorsichtig werden, da sie ständig damit rechnen muss, angespritzt zu werden. In der Konsequenz wird sie Ihre Gegenwart meiden.

5. Es gibt außerdem Verhaltensweisen, die unempfindlich gegen Strafe sind. Dazu gehört selbstbelohnendes Verhalten, das Verhalten an sich ist dabei die eigentliche Belohnung. Das sind beispielsweise Verhaltensweisen die in Zusammenhang mit Angst, Aggression, Frustration, Fortpflanzung oder auch Jagd gezeigt werden.

Zu guter Letzt schädigen Strafen auf Dauer das Vertrauensverhältnis zwischen Katze und Bezugsperson, und das wollen wir sicherlich nicht.

Dem Verhalten Ihrer Katze liegt ein Problem zugrunde. Wenn Sie dieses nicht lösen, wird sich auch am Verhalten nichts ändern, es wird sich nur auf andere Orte verschieben oder sich ein anderes Ventil suchen.

UNGEWOLLTE STRAFEN

Wenn ich von einer Strafe spreche, meine ich nicht nur die klassischen Strafen wie Wasserpistole, Lautwerden, körperliche Einwirkung, Aussperren, etwas werfen, Erschrecken oder Ähnliches. Katzen empfinden manches auch als Strafe, das aus Menschensicht gar nicht so gemeint ist:

— Wir setzen die Katze auf den Boden, weil sie nicht auf den Tisch oder die Arbeitsplatte darf. → Sie kann nicht dort sein, wo sie sein möchte.
— Wir sperren die Katze über Nacht aus dem Schlafzimmer aus, weil sie uns wach hält. → Entzug von Sozialkontakten
— Wir geben der Katze nicht das ersehnte Leckerchen, weil sie die Übung falsch oder gar nicht ausgeführt hat → Verweigerung der Belohnung

Leider bestimmt die Katze, was sie als Strafe und was als Belohnung versteht. All das, was wir gut meinen, jedoch falsch bei ihr ankommt, ist für sie keine Belohnung, sondern eine Strafe. Ob es nun Belohnung oder Strafe war, sehen wir oft erst im Nachgang: Wenn es eine Belohnung war, wurde das Verhalten verstärkt und wird in Zukunft häufiger auftreten und umgekehrt.

ERZIEHUNG – SO BITTE NICHT!

— nicht anpusten
— nicht auf die Nase stubsen
— keine Wasserspritze, Rappeldose, oder Lärm (lautes Händeklatschen, Schreien, etc.), die die Katze durch Erschrecken unterbrechen sollen, verwenden
— nicht herunterschubsen
— keine körperliche Einwirkung, die über streicheln oder einvernehmliches Auf-den-Arm-Nehmen hinausgeht
— nicht vollständig ignorieren
— nicht im Nackenfell packen, halten, hochheben oder gar schütteln

---

FAZIT

Strafen kommen im täglichen Leben vor, das können wir nicht verhindern. Unsere Katzen erschrecken sich, weil ein Topfdeckel herunterfällt, während die Katze gerade hinter uns sitzt, wir treten ihr versehentlich auf den Schwanz, weil sie um uns herumwuselt, oder uns passieren andere Missgeschicke in ihrer Anwesenheit. Es kann dann passieren, dass sie an dem betreffenden Ort, in unserer Nähe, zur betreffenden Zeit vorsichtiger werden. Wir haben nicht alles unter Kontrolle, versehentliche Strafen geschehen. Darum müssen wir die Situationen, die wir kontrollieren können, anders lösen.

MANAGEMENT

Sie sollten versuchen, über Managementmaßnahmen zu verhindern, dass Ihre Katze das unerwünschte Verhalten ausführen kann. Stellen Sie eine supertolle Kratzgelegenheit neben die Stelle, an der sie unerwünscht kratzt, binden Sie die Gardinen hoch, wenn sie daran hochklettern will, bieten Sie mehr Katzenklos als das Minimum an, und zwar an den Stellen, die Mieze als Klo auserkoren hat, entschärfen Sie Engpässe in den Zimmern, die zu Konfrontationen führen, bieten Sie Ressourcen im Überfluss an, sorgen Sie dafür, dass Ihre Katze satt, glücklich und rundum zufrieden ist.

MARKERTRAINING

Markertraining ist eine Methode, die mit positiver Verstärkung arbeitet. Sie führen ein Wort oder ein Geräusch (z. B. Clicker oder Schnalzen) ein, das Ihrer Katze sagt, dass sie sich mit ihrem Verhalten gerade eine Belohnung verdient hat. So haben Sie ein tolles Werkzeug, um mit Ihrer Katze zu kommunizieren und ihr genau zu sagen, was sie gut gemacht hat. Das Markersignal ist dabei ein

Versprechen an Ihre Katze auf etwas Schönes. Das Wunderbare an dieser Methode ist, dass das Augenmerk auf den positiven Aspekten des Katzenverhaltens liegt und nicht auf den negativen. Sie belohnen Ihre Katze und sind nett zu ihr, anstatt sie für unerwünschtes Verhalten zu bestrafen.

Die Grundlage eines erfolgreichen Markertrainings ist der positive Aufbau des Markersignals (Clicker, Markerwort, Schnalzen, etc.). Hat die Katze erst einmal verstanden, was es bedeutet, kann es mit dem eigentlichen Training losgehen.

DAS MARKERSIGNAL

Das Markersignal sollte immer gleich klingen, so fällt es der Katze leichter, es eindeutig zuzuordnen. Das Geräusch oder Wort muss sich von den Alltagsgeräuschen und der Alltagssprache gut abheben und darf nur im Zusammenhang mit dem Training verwendet werden. Das Signal enthält für die Katze zwei Informationen: 1. „Das, was du gerade machst, gefällt mir sehr gut." 2. „Ich verspreche dir, gleich kommt etwas supertolles für dich." Das bedeutet, dass Ihre Katze immer eine Belohnung bekommt, wenn das Geräusch ertönt, auch wenn wir es versehentlich verwendet haben. Der Marker kündigt also mit 100%-iger Sicherheit eine Belohnung an. Das bedeutet aber auch, dass der Marker die Belohnung nicht irgendwann ersetzen wird. Für Katzen empfehle ich einen leisen und angenehm klingenden Clicker. Alternativ können Sie schnalzen.

01 *Zum Kratzen ist der Kratzbaum da.*

02 *Wenn man keine geeignete Kratzstelle anbietet, suchen sich die Kätzchen eigene Möglichkeiten. Und wer will das schon?*

Als Markerwort eignet sich alles, was kurz und prägnant ist und im täglichen Sprachgebrauch nicht verwendet wird, z. B. „Click", „Bingo", „Jepp", „Top" etc. Vermeiden Sie Lobworte wie „Prima", „Super" und „Fein", oder auch Worte, die auf ein scharfes „s" enden. Lobwörter setzen wir im Alltag zu oft ohne nachfolgende Belohnung ein, so kann sich die Verknüpfung von Wort und Belohnung nicht etablieren. Ein Wort, das auf ein scharfes „s" endet, kann durch das Zischen bedrohlich wirken. Mit dem Marker möchten wir jedoch nur positive Gefühle auslösen, daher scheiden solche Wörter aus.

VORBEREITUNG

Legen Sie sich 10 Leckerchen bereit. Die Leckerchen sollten in mundgerechte Stückchen zerschnitten sein, denn die Katze sollte nicht zu lange mit dem Verzehr beschäftigt sein. Rufen Sie Ihre Katze immer mit den gleichen Worten zu sich, z. B.: „Luna, hast du Lust zu clickern?" So lernt sie nach einer Weile: „Alles klar, jetzt hab ich wieder die Chance, mir Leckerchen zu verdienen."

DIE VERKNÜPFUNG HERSTELLEN

Die erste Übung ist purer Luxus für Ihre Katze, denn sie muss nichts tun, um die Leckerchen zu bekommen. Wenn sie bei Ihnen ist, sagen Sie Ihr Markerwort oder clicken und reichen ihr direkt im Anschluss (innerhalb von einer Sekunde) ein Leckerchen. Wenn Ihre Katze aufgegessen hat, können Sie die Übung wiederholen, bis die 10 Leckerchen aufgegessen sind. Achten Sie darauf, dass Sie erst clicken und dann zum Leckerchen greifen. Sonst wird der Griff zum Leckerchen die Ankündigung für das Markersignal, und wir brauchen es genau umgekehrt: Das Markersignal kündigt die Belohnung an. Zum Abschluss können Sie der Katze die leeren Hände zeigen und ein „Fertig"-Signal sagen. Das kündigt an, dass das Training beendet ist. Wählen Sie ein Wort wie „Feierabend", „Ende" oder „Fertig".

Diese erste Übung können Sie zwei- bis dreimal täglich wiederholen. Eine Einheit sollte nicht länger als ein paar Minuten dauern. Spätestens nach einigen Tagen hat Ihre Katze verstanden, was der Marker bedeutet. Als Test können Sie sich ein paar Armlängen vor Ihre Katze stellen und Ihr Markersignal geben. Wenn sie Sie daraufhin freudig ansieht und zu Ihnen kommt, um sich ihre Belohnung abzuholen, wird es Zeit für den nächsten Schritt. Sollte sie noch nicht so weit sein, läuft etwas schief. Vielleicht ist die Belohnung nicht attraktiv genug, Ihr Timing ist verbesserungswürdig, die Ablenkung ist zu groß, oder es geht ihr nicht gut oder sie ist gestresst. Variieren Sie von Anfang an mit den Belohnungen. Wir haben bisher nur über Leckerchen gesprochen. Jedoch kann alles, was Ihre Katze toll findet, als Belohnung eingesetzt werden. Von verschiedenen Leckerchen, die auf unterschiedliche Arten gereicht werden, über Spielzeuge bis hin zu Kuscheln und Kraulen. Erlaubt ist alles, was gefällt und Ihre Katze motiviert. Erst wenn der Marker durch einige Tricks positiv aufgeladen wurde, können Sie ihn in der Erziehung einsetzen.

Ort der Belohnung: in der Nähe des Targets.

Katzen untersuchen Dinge meist mit der Nase. Darum ist das Nasentarget eine gute Einstiegsübung.

IN DEN ALLTAG EINBAUEN

Ab jetzt geben Sie Ihr Markersignal immer, bevor Sie Ihrer Katze etwas Gutes tun: Bevor Sie die Balkontür öffnen, bevor Sie das Futter hinstellen, vor der Spieleinheit, vor der Kuschelrunde etc. So verbindet sie den Marker nicht nur mit Futter, sondern allgemein mit etwas Schönem. Wenn Sie später den Marker benutzen, weiß sie nicht, was folgt, sie weiß nur, dass es etwas Gutes ist. So beziehen wir den Überraschungseffekt mit ein. Das verstärkt noch einmal die Wirkung des Markersignals.

ERSTE TRICKS

NASENTARGET

Bringen Sie Ihrer Katze bei, auf ein Signal hin zu Ihnen zu kommen und Ihren Finger oder einen Stab anzustubsen. Das hat den Vorteil, dass sie die Situation, in der sie sich befindet, verlassen muss. Das Nasentarget kann sehr gut als Alternativverhalten eingesetzt werden.

Aufbau: Halten Sie das Target (Ihren Finger oder den Stab) in die Nähe der Katzennase (maximal 5–10 cm entfernt) und markern Sie jedes Mal, wenn sie Interesse daran zeigt: Hinsehen, sich Nähern, Anstubsen. Geben Sie die Belohnung in der Nähe des Targets, das unterstreicht seine Bedeutung. Nehmen Sie das Target weg, wenn Ihre Katze aufgegessen hat (z. B. hinter den Rücken), sodass es nicht mehr zu sehen ist. Schenkt sie Ihnen wieder ihre Aufmerksamkeit, wiederholen Sie den Ablauf.

Wichtig: Markern Sie, während die Katze sich *darauf zu* bewegt bzw. sich *hinwendet*. Variieren Sie die Position des Targets, z. B. oberhalb oder unterhalb der Katzennase, rechts oder links, sowie den Abstand.

Signal einführen: Wenn Ihre Katze das Target zuverlässig berührt, können Sie ein Signal einführen, z. B. „Stubs" oder „Touch". Sagen Sie das Wortsignal, bevor Sie Ihrer Katze das Target präsentieren. So kann sie das Wort mit dem Verhalten verbinden und wird es später auf Signal zeigen.

Die Katze wartet auf ihr Markersigal und die Belohnung.

SITZEN

Es gibt verschiedene Möglichkeiten, Ihrer Katze „Sitzen" auf Signal beizubringen. Da Sitzen ein Verhalten ist, das Katzen über den Tag verteilt oft von sich aus zeigen, lässt es sich gut einfangen (Methode „Capturing"). Geben Sie Ihr Markersignal immer, wenn Ihre Katze sich hinsetzt, und zaubern eine Belohnung hervor. Bald werden Sie merken, dass sie sich in Ihrer Gegenwart häufiger hinsetzt, da sie gelernt hat, dass es sich lohnt. Im nächsten Schritt sagen Sie Ihr Signal für „Sitzen", wenn sich Ihre Katze setzt, und geben Ihr Markersignal, wenn der Po den Boden berührt. Belohnung nicht vergessen! Eine andere Möglichkeit ist es, Ihrer Katze mit Hilfe eines Leckerchen eine Idee zu geben, was Sie von ihr möchten. Dazu nehmen Sie ein Leckerli zwischen Daumen und Mittelfinger und strecken Ihren Zeigefinger aus. Diese Handhaltung hat den Vorteil, dass der erhobene Zeigefinger als Sichtzeichen dient.

Halten Sie das Leckerchen für Ihre Katze sicht- aber nicht erreichbar vor ihre Nase und führen es über ihren Kopf nach oben-hinten. Die Katze wird dem Leckerchen mit den Augen folgen und dabei den Po absenken. Es folgen Markersignal und Belohnung, sobald sie sitzt. Diese Technik nennt man „Locken". Es funktioniert nur, wenn Ihre Katze nicht vor lauter Gier nach Ihrer Hand greift. Nach ein paar Wiederholungen lassen Sie das Leckerli weg und führen Ihre Hand mit erhobenem Zeigefinger über den Kopf. Wenn Ihre Katze sich zuverlässig setzt, können Sie vor dem Handzeichen ein Wortsignal fürs Sitzen geben.

VERHALTEN EINFANGEN

Das Prinzip des Capturing können Sie auf jede Verhaltensweise anwenden, die Ihre Katze von sich aus zeigt und die Sie gut finden. Angefangen beim Kratzen an erlaubten Stellen, über den Aufenthalt auf erlaubten Flächen bis hin zu Tricks wie Hinlegen oder Lautgeben. Suchen sie sich einfach etwas aus und verstärken Sie es durch den Einsatz von Markersignal und Belohnung. Damit bekommen Sie ein tolles Werkzeug an die Hand, mit dem Sie das Verhalten Ihrer Katze sanft und nachhaltig beeinflussen können.

Sie hat gelernt, auf Signal zu sitzen ...

DAS 10-LECKERCHEN-SPIEL

Bei dieser Übung lernt Ihre Katze ganz nebenbei, ruhig zu warten und Ihnen ihre Aufmerksamkeit zu schenken. Gleichzeitig bekommt das Zählen im ersten Teil der Übung eine Bedeutung und ist dann später als Unterbrecher einsetzbar.

Aufbau: Rufen Sie Ihre Katze zu sich. Suchen Sie den Blickkontakt und beginnen Sie, für Ihre Katze sichtbar, Leckerchen in Ihre Hand abzuzählen. Wichtig ist, dass Ihre Katze mitbekommt, dass Sie Leckerchen für sie bereithalten. Zählen Sie nur so lange, wie Sie ihre Aufmerksamkeit haben und sie ruhig warten kann. Wenn sie weggeht, in der Gegend herumschaut oder versucht, an die Leckerchen zu kommen, hören Sie auf, packen alles ein, warten einen kurzen Moment und beginnen erneut. Es kann sein, dass Sie beim ersten Mal bis zehn kommen, oder nur bis drei. Gehen Sie in kleinen Schritten vor. Ihre Katze kann nur lernen, ruhig und entspannt zu warten, wenn Sie den Aufbau der Übung so einfach gestalten, dass sie es auch schaffen kann und nicht unruhig wird. Sie zählen also z. B. bis fünf und legen dabei je ein Leckerli in Ihre Hand, die Sie sichtbar vor sich halten, während Ihre Katze Ihnen interessiert zuschaut

und gespannt wartet, was als Nächstes kommt. Dafür, dass Ihre Katze Sie aufmerksam angeschaut hat, bekommt sie das Markersignal und das erste Leckerchen fällt zu Boden. Ihre Katze wird es essen, dabei wendet sie den Blick automatisch von Ihnen ab. Anschließend wird sie Sie mit hoher Wahrscheinlichkeit wieder ansehen, denn sie weiß ja, dass Sie noch mehr in Ihrer Hand halten. Für diesen Blickkontakt bekommt sie wieder das Markersignal und das nächste Leckerchen fällt zu Boden. Ihre Katze frisst es auf und schaut wieder zu Ihnen hoch. Das setzen Sie so lange fort, bis Ihre Hand leer ist. Zeigen Sie Ihrer Katze die leeren Hände und sagen Ihr Fertigsignal.

Wenn Ihre Katze Sie nicht wieder ansieht, zeigen Sie ihr noch einmal, was Sie Tolles in der Hand haben, um ihre Aufmerksamkeit zu erregen. Sprechen Sie sie aber nicht an. Sie soll selbst herausfinden, wie sie Sie dazu bringen kann, ein Leckerli herauszurücken.

Anforderungen steigern Steigern Sie die Anforderungen so langsam, dass Ihre Katze die Aufgabe gut bewältigen kann. Zählen Sie erst mehrere Leckerchen in die Hand, wenn Ihre Katze es auch aushält, so lange ruhig und entspannt zu warten.

… sie weiß, nun folgen Marker und Belohnung.

Das war lecker, das Sitzen hat sich gelohnt.

GRENZEN SETZEN

WARUM UNTERBRECHEN?

Wir müssen unerwünschtes Verhalten unterbrechen, um zu verhindern, dass es sich verfestigt. Je häufiger ein Verhalten erfolgreich ausgeführt wurde, umso schwerer ist es, dieses wieder loszuwerden und desto länger dauert es. Das gilt insbesondere für selbstbelohnendes Verhalten. Aus diesem Grund ist es wichtig, unerwünschtes Verhalten zu unterbrechen und in erwünschte Bahnen zu lenken. Je nachdem, was Ihre Katze mit ihrem Verhalten erreichen möchte, müssen wir zunächst zwischen innerem Erfolg (selbstbelohnendes Verhalten) und äußerem Erfolg unterscheiden. Selbstbelohnendes Verhalten kann z. B. sein, sich auf dem Teppich zu erleichtern, anstatt auf dem gruseligen Katzenklo. Die Blase drückt nicht mehr, also hat die Katze durch ihr eigenes Verhalten dafür gesorgt, dass es ihr jetzt besser geht. Dazu zählen auch Verhaltensweisen, die sich ohne Ihre Hilfe gut anfühlen, die einfach Spaß machen. Reagieren wir auf unerwünschtes Verhalten mit *Strafen,* reagiert die Katze mit Meideverhalten, das Problem verlagert sich nur.

Katzen können lernen, dass es sich nicht lohnt,

Dabei vergessen wir Menschen nur allzu oft, dass unerwünschtes Verhalten zumeist ein Ventil für die Katze ist. Sie fühlt sich nicht gut und versucht ihre Situation zu verbessern. Wenn wir ihr also dieses Ventil nehmen, ohne ihr eine „legale Alternative" aufzuzeigen, wird sie sich mit großer Wahrscheinlichkeit ein neues Ventil suchen, das uns unter Umständen noch weniger gefällt.

In einer Situation, in der die Katze unerwünschtes Verhalten zeigt, fühlt sie sich meist unwohl. Wenn wir in diese unangenehme Situation durch Strafe noch etwas Unangenehmes hinzufügen, unterdrücken wir zwar oft das unerwünschte Verhalten, verbessern aber die Gefühlslage der Katze nicht. Das sorgt dafür, dass die Katze beim nächsten Mal noch schneller oder stärker oder länger unangemessen reagiert. Geben wir jedoch in einer gruseligen oder frustrierenden Situation etwas Schönes hinein, verbessern wir die Situation, machen sie ansprechbar und haben so die Chance, ihr Alternativen zu ihrem Verhalten aufzuzeigen.

DIE GRUNDLAGE VON VERHALTEN

Verhalten entsteht nicht einfach so, es hat immer einen Grund: entweder körperlich (z. B. Schmerzen oder körperliche Einschränkung) oder emotional (z. B. Unsicherheit oder Freude). Wenn wir ein Verhalten ändern möchten, müssen wir die zugrundeliegende Emotion bzw. die körperliche Ursache verändern, dann ändert sich das Verhalten fast von allein.

auf die Anrichte zu springen, wohl aber auf einen alternativen Platz.

EINDEUTIGE ABBRUCHSIGNALE

Katzen lernen die Bedeutung eines Wortes wie „Sitzen" oder „Schau her" durch Erfahrungen, die sie im Zusammenhang damit gemacht haben. Dabei verstehen sie die Bedeutung nicht so, wie wir Menschen es tun. Sie lernen nur, dass sie etwas Schönes bekommen, wenn sie sich setzen, während ihr Mensch ein bestimmtes Geräusch („Sitzen") macht. Das ist ein einfacher, eindeutiger Zusammenhang.

Etwas anders verhält es sich mit dem als Abbruchsignal gemeinten Geräusch „Nein". Zunächst ist es nur ein Geräusch ohne Bedeutung. Im Gegensatz zu anderen Signalen hat es aber unüberschaubar viele Bedeutungen und ist damit für Ihre Katze unmöglich zu erlernen.

„Nein" sagen wir, wenn die Katze nicht auf den Tisch springen soll, zu grob wird, wir keine Zeit für sie haben, sie nicht die Vorhänge hochklettern oder auf den Teppich pieseln soll usw. All das sind grundverschiedene Tätigkeiten für Ihre Katze. Wenn Sie sich unterbricht, wenn Sie ihr ein „scharfes Nein" zurufen, beruht das auf Schreck und Meideverhalten, aber nicht darauf, dass sie weiß, was sie falsch gemacht hat.

Denn aus ihrer Sicht macht die Katze nichts falsch! Sie verhält sich der Situation vollkommen angemessen – aus ihrer Sicht. Wenn es in ihren Augen keinen geeigneten Kratzplatz gibt, sucht sie sich einen. Wenn der Tisch oder das Sofa gerade der einzige Sonnenplatz ist, springt sie darauf. Es kommt ihr gar nicht in den Sinn, dass ihr Verhalten unangemessen sein könnte.

Im Prinzip ist jedes Signal, das wir mit unseren Katzen üben, ein Abbruchsignal: Die Katze unterbricht, was sie gerade tut, um das Verhalten auszuführen, das wir per Signal abfragen.

Beispiel: Die Katze streicht um die Beine und es besteht die Gefahr, dass wir bei der Futterzubereitung über sie stolpern. Auf das Signal „Sitzen" setzt sie sich, hört also auf, herumzulaufen. „Sitzen" dient hier als Abbruchsignal für das Herumlaufen.

ALTERNATIVEN BIETEN

Anstatt Ihrer Katze zu sagen, was sie nicht tun soll, sagen Sie ihr doch einfach, was sie stattdessen tun soll, um sich eine Belohnung zu verdienen! Wenn Sie sich mit dieser Strategie Ihrer Katze annähern, kommen sie schnell in einen freundlichen Dialog mit ihr. Dadurch werden Sie sich besser fühlen, weil Sie nicht schimpfen müssen und auch Ihrer Katze wird dieser Weg besser gefallen. Zu wissen, was sie tun kann, gibt ihr Sicherheit.

RECHTZEITIG EINGREIFEN

Egal, um welches unerwünschte Verhalten es geht – das Drohen in Richtung der Mitkatze, das Kratzen an der Couch, auf die Anrichte springen – entscheidend ist, dass wir so früh wie möglich eingreifen, indem wir die Katze unterbrechen und anschließend ablenken bzw. ihr ein alternatives Verhalten aufzeigen, das sie ersatzweise ausführen kann und das sich sogar für sie lohnt. Das alternative Verhalten, z. B. Kratzen am Kratzbaum muss unabhängig von der Situation „Katze kratzt an der Couch" geübt und gefestigt werden. Erst wenn es auf Signal abrufbar ist, kann es in der Akutsituation als Alternative eingesetzt werden. Bei unerwünschtem Verhalten bekommen Katzen oft den sprichwörtlichen Tunnelblick. Wir können nicht mehr zu ihnen durchdringen. Dieser Zustand wird mit dem Voranschreiten des Verhaltens immer schwieriger, zu unterbrechen. Je früher wir eingreifen, desto einfacher ist es, die Katze aus diesem Zustand herauszuholen und sie umzulenken. Zu einem frühen Zeitpunkt ist die Katze meist noch ansprechbar und kann bewusst die Entscheidung treffen, etwas zu lassen und stattdessen etwas anderes zu tun. Lassen Sie auf den Unterbrecher eine ruhige Clickereinheit folgen, ein Stocherspiel, oder, wenn sich zu viel Energie aufgestaut hat, ein Rennspiel. Füttern Sie Ihre Katze oder schenken Sie ihr Streicheleinheiten. Sollten Sie ein aufregendes Spiel einsetzen, helfen Sie ihr, im Anschluss herunterzufahren (Cool down).

Wenn Sie gezwungen waren, einen netten Unterbrecher einzusetzen, können Sie daraus schließen, dass Sie zu lange gewartet haben, ein Bedürfnis Ihrer Katze zu stillen. Haben Sie beim nächsten Mal ein genaueres Auge auf Ihre Katze, und stillen Sie ihre Bedürfnisse, bevor sie übermächtig werden. Dann müssen Sie auch kein Verhalten mehr abbrechen. Egal, was das unerwünschte Verhalten ist: Vorher zeigt Ihre Katze immer ein Verhalten, das wir verstärken können, und das sollten wir auch tun.

Mit dem Markersignal haben Sie ein wirkungsvolles Werkzeug, das genau das kann: erwünschtes Verhalten verstärken.

NETTE UNTERBRECHER

Wir haben verschiedene Möglichkeiten, ein Verhalten nett zu unterbrechen. Versuchen Sie es mit **Ansprechen**. Diese Maßnahme ist sofort einsetzbar, aber manchmal nicht wirksam, wenn die Katze schon zu vertieft ist.
Ablenken ist reines Management, dabei lernt Ihre Katze kein alternatives Verhalten, es ist aber eine Möglichkeit, um Verhalten zu unterbrechen und ist sofort einsetzbar.

03

Durch **ungewöhnliche Geräusche** bekommen Sie die Aufmerksamkeit der Katze, allerdings ohne sie zu erschrecken. Das ist sofort einsetzbar, es eignen sich Geräusche wie Knistern von Leckerlipackungen oder Klappern der Leckerlidose.

Markern Sie einfach in die Situation hinein. Das Markersignal muss bereits positiv aufgeladen und einsatzbereit sein.

Wenn Sie das Markersignal wiederholt in kurzen Abständen geben, nennt man das **Markersalve**. Bitte loben Sie mindestens nach jedem Marker.

Ist das **10-Leckerchen-Spiel** bekannt, ist es ein toller Unterbrecher.

Bieten Sie eine **Aktivität** an. Dazu muss die Katze die entsprechenden Vokabeln für die einzelne Aktiviät kennen, z. B. Schmusen, Fummelbrett, Lauerspiel, Stochern, Leckerlijagen. Um Aktivitäten zu benennen, sagen Sie einfach die Vokabel dazu, wenn Sie die Aktivität anbieten, so lernt die Katze, wie das heißt, was Sie gerade machen.

Fragen Sie **Tricks** ab, die die Katze kennt und mag, z.B. High Five, Sitzen, Nasentarget, Gib Pfote etc.

01

02

01 *Das Kätzchen lernt, die Pfote zu heben.*

02 *Gar nicht so leicht, bei der Sache zu bleiben, wenn man so neugierig ist.*

03 *Die Aktivität „Tretrolle bearbeiten" kann als alternatives Verhalten eingesetzt werden.*

Service

— Wissenswertes für Katzenhalter

ZUM WEITERLESEN

Marc Bekoff: **Das Gefühlsleben der Tiere** (animal learn, 2008).

John Bradshaw: **Die Welt aus Katzensicht** (KOSMOS, 2015).

Christine Hauschild:
— **Stille Örtchen für Stubentiger** (BoD, 2009).
— **Katzenhaltung mit Köpfchen** (BoD, 2012).
— **Tierarzttraining für Katzen** (BoD, 2014).
— **Katzenzusammenführungen mit Herz und Verstand** (BoD, 2014).

Tatjana Mennig: **Cat Wanted** (BoD, 2013).

Dr. Mircea Pfleiderer, Birgit Rödder: **Was Katzen wirklich wollen** (GU, 2010).

Mircea Pfleiderer: **Katzenverhalten** (KOSMOS, 2014).

Birgit Rödder: **Katzenclickerbox** (GU, 2013)

Sabine Ruthenfranz:
— **Katzenpflanzen** (BoD, 2014).
— **Spielekiste für Katzen** (KOSMOS, 2015).

Dorothée Schneider: **Die Welt in seinem Kopf** (animal learn Verlag, 2005)

Sabine Schroll:
— **Miez, Miez – na komm!** (BoD, 2007).
— **Aller guten Katzen sind …?** (BoD, 2006).

Viviane Theby: **Clickern mit meiner Katze** (KOSMOS, 2009).

ZUM WEITERCLICKEN

Tierärztin Dr. Corinna Cornand:
www.doktor-dolittle.net

Katzenpsychologin Tatjana Mennig:
www.felis-felix.de

Katzenpsychologin Christine Hauschild:
www.happy-miez.de

Tierfotografin Kim Indra Oehne:
www.kio-fotos.de

Maine Coon Hilfe e.V.:
www.maine-coon-hilfe.de

Tierheilpraktikerin Annabel Haag:
www.natuerlich-fuer-tiere.de

Tierheilpraktikerin Julia Tinnemann:
www.thp-tinnemann.de

Zubehör, das im Buch abgebildet wurde
www.cat-on.com
Die Manufaktur stellt tolle Kratzmöbel aus Wellpappe her.

www.stylecats.de
Schöne Katzenmöbel und Filzhöhlen finden Sie hier.

www.julinka-pets.de
Schöne Möbel, Futternäpfe, Spielzeuge und Kitten-Sets.

www.lucky-kitty.com
Hier finden Sie Trinkbrunnen, Näpfe und Spielzeuge.

DANKE

Mein großer Dank geht an die geduldigen Expertinnen, die mir bei einzelnen Kapiteln beratend zur Seite standen. Ich danke euch allen für die tolle Zusammenarbeit, die Denkanstöße und das Zusammentragen von wichtigen Informationen, auch wenn es am Ende nicht alle Infos ins Buch geschafft haben, es waren einfach zu viele:

— Zur Gesunderhaltung und Ernährung: Danke Julia und Danke Annabel
— Zur Kastration, katzenfreundlichen Tierarztpraxis und Impfungen: Danke Corinna
— Zu den Rassekatzen aus dem Tierschutz: Danke Petra
— Zur Katzensprache und zu allgemeinen Denkanstößen: Danke Christine
— Zu verschiedenen Themen: Danke Tatjana

Für die wunderschönen Fotos danke ich Kim Indra Oehne von KIO Fotos und den zwei- und vierbeinigen Helfern, die dafür Modell standen.

Danke auch an Alice Rieger vom KOSMOS-Verlag für dieses schöne, gemeinsame Projekt und ihren Einsatz!

Zu guter Letzt danke ich allen Menschen, Katzen- und Hundewesen, die mich in der turbulenten Zeit des Buchschreibens begleitet, unterstützt und bestärkt haben. Besonderer Dank gilt den Katzen, die mir erlauben, mein Leben mit ihnen zu teilen: Danke Lemmy, mit dir fing alles an. Danke Luna und baKi, ihr seid meine Lehrmeister, verlangt mir immer wieder neue, kreative Lösungen ab und werdet nicht müde, mir den Alltag durch eure pure Anwesenheit zu versüßen.

REGISTER

BILDNACHWEIS

128 Farbfotos wurden von Kim Indra Oehne/Kosmos für dieses Buch aufgenommen. Weitere Farbfotos von Oliver Giel (1; S. 87), Heike Schmidt-Röger/Kosmos (1; S. 54), Sandra Schürmans (8; S. 45, 69, 92, 93, 99, 108, 130, 138–139) und Tierfotoarchiv-Drewka/Kosmos (15; S. 36, 37, 55 alle 3, 62 l., 66, 67, 76–77, 80, 82, 110, 119, 121 beide)

Die Filme wurden von Dr. Evelyne Fiedler, Science&Art, Wissenschaftliche Medien gedreht.

IMPRESSUM

Umschlaggestaltung von GRAMISCI Editorialdesign unter Verwendung von acht Farbfotos von Kim Indra Oehne/Kosmos (U1, U4 und Klappen)

Mit 153 Farbfotos.

Unser gesamtes Programm finden Sie unter **kosmos.de.**
Über Neuigkeiten informieren Sie regelmäßig unsere
Newsletter, einfach anmelden unter **kosmos.de/newsletter**

Gedruckt auf chlorfrei gebleichtem Papier

© 2016, Franckh-Kosmos Verlags-GmbH & Co. KG, Stuttgart.
Alle Rechte vorbehalten
ISBN 978-3-440-14705-4
Redaktion: Alice Rieger
Gestaltungskonzept: Peter Schmidt Group GmbH, Hamburg
Gestaltung und Satz: Katrin Kleinschrot, Stuttgart
Produktion: Eva Schmidt
Printed in Slovakia / Imprimé en Slovaquie

FSC
www.fsc.org
MIX
Paper from
responsible sources
FSC® C084279